U0161792

江西理工大学经济管理学院学术著作出版基金
江西省软科学研究计划重大项目（20143BBA10005）
**资助**

# 资源环境保护视角下
# 离子型稀土矿开采决策模型研究

邹国良 刘娜娜 ◎ 著

中国财经出版传媒集团
经济科学出版社
Economic Science Press

**图书在版编目（CIP）数据**

资源环境保护视角下离子型稀土矿开采决策模型研究/邹国良，刘娜娜著．--北京：经济科学出版社，2022.11

ISBN 978-7-5218-4174-9

Ⅰ.①资… Ⅱ.①邹…②刘… Ⅲ.①稀土元素矿床-金属矿开采-开采工艺-研究 Ⅳ.①TD865

中国版本图书馆CIP数据核字（2022）第205231号

责任编辑：程辛宁
责任校对：齐 杰
责任印制：张佳裕

资源环境保护视角下离子型稀土矿开采决策模型研究
邹国良 刘娜娜 著
经济科学出版社出版、发行 新华书店经销
社址：北京市海淀区阜成路甲28号 邮编：100142
总编部电话：010-88191217 发行部电话：010-88191522
网址：www.esp.com.cn
电子邮箱：esp@esp.com.cn
天猫网店：经济科学出版社旗舰店
网址：http://jjkxcbs.tmall.com
固安华明印业有限公司印装
710×1000 16开 12.5印张 210000字
2022年12月第1版 2022年12月第1次印刷
ISBN 978-7-5218-4174-9 定价：78.00元

# 前　言

离子型稀土矿作为我国的战略性资源，具有广泛的应用价值，被誉为“工业维生素”。离子型稀土矿的稀土以离子态存在，不能用传统选矿方法提取稀土，我国科技人员发明了离子交换浸取开采方法，即池浸、堆浸和原地浸矿工艺，其中池浸工艺现已淘汰，堆浸和原地浸矿工艺尚存争议。

离子型稀土矿开采无论采用堆浸工艺还是原地浸矿工艺均会造成一定的资源损失和生态环境破坏。在生态文明建设及“稀土案”败诉的背景下，科学选择稀土开采工艺及把握矿山开采时机有助于保护资源和生态环境。

本书研究综合运用采矿学、矿物加工学、地质学、工程岩土学、生态学、经济学、管理学及环境学等学科理论。基于外部性理论，分析了离子型稀土矿开采工艺的政策依据，并分别构建了矿床底板基岩完整度和矿山资源储量确定性条件下矿山开采工艺选择的净现值率决策模型以及不确定性条件下矿山开采工艺选择的云决策模型，同时，推导出矿山开采时机的决策模型。主要研究结论如下：

（1）将离子型稀土矿开采造成的资源环境破坏形式分为显性破坏和隐性破坏，将资源损失分为暂时性损失和永久性损失，并从资源损失和生态环境破坏的可控性角度对堆浸工艺和原地浸矿工艺进行了比较。同时，构建了离子型稀土矿开采负外部性的“冰山模型”。

（2）基于外部性理论提出了离子型稀土矿开采的实际边际外部成本、

名义边际外部成本以及实际边际社会成本、名义边际社会成本等概念。研究表明：堆浸工艺容易被过度限制，而原地浸矿工艺容易被过度推广。此外，对于矿床底板基岩完整度好的稀土矿来说，征收排污费好于限制污染排放量；否则，限制污染排放量好于征收排污费。

（3）构建了矿床底板基岩完整度和矿山资源储量确定性条件下矿山开采工艺选择的净现值率决策模型。该模型结合离子型稀土矿开采实际的一般情况，系统考虑了资源采选综合回收率、森林生态系统服务功能价值补偿及其他生态环境成本等因素。分别构建了原地浸矿工艺开采矿山生态自我修复和人工修复以及堆浸矿工艺开采等三种情况下稀土矿山开采工艺选择的净现值率决策模型。

（4）构建了矿床底板基岩完整度和资源储量确定性条件下离子型稀土矿开采时机的混合稀土氧化物影子价格计算模型。通过对A矿山实例分析，在目前混合稀土氧化物影子价格为16.05万元/吨的条件下，堆浸工艺好于原地浸矿工艺。另外，分析了A离子型稀土矿堆浸、原地浸矿开采工艺的适用条件：以$\lambda=2.29$为临界条件，当$\lambda>2.29$时，堆浸工艺好于原地浸矿工艺；当$\lambda<2.29$时，原地浸矿工艺好于堆浸工艺。此外，A矿山开采时机为混合稀土氧化物影子价格大于等于15.79万元/吨之时。

（5）构建了矿床底板发育完整度及资源储量情况不确定性条件下离子型稀土矿开采工艺选择的云决策模型。研究表明，矿床底板发育完整度和资源储量情况不确定条件下堆浸工艺好于原地浸矿工艺。

本书由江西理工大学经济管理学院学术著作出版基金、江西省软科学研究计划重大项目资助出版。

# 术语表

**离子型稀土矿** 地表岩石经过长期风化，稀土元素呈水合或者羟基水合阳离子赋存于风化壳黏土矿物上形成的稀土矿床，也称离子吸附型稀土矿。

**全覆式** 矿体底部弱风化层或基岩位于侵蚀基准面以下，基本无基岩出露的矿体赋存形式。

**裸脚式** 矿体底部弱风化层或基岩位于侵蚀基准面以上，基岩完全或部分出露的矿体赋存形式。

**原地浸矿** 利用溶浸液从天然埋藏条件下的非均质矿石中有选择地浸出有用成分并提取含反应生成化合物溶液的采矿方法。

**堆浸** 将溶浸液喷淋在矿石或废石（边界品位以下的含矿岩石）堆上，在其渗滤的过程中，有选择地溶解和浸出矿石或废石堆中的有用成分，使之转入产品溶液中，以便进一步提取或回收的一种方法。

**溶浸剂** 用于交换浸出离子型稀土的化学试剂，也称浸矿剂。

**溶浸液** 由溶浸剂与水（或上清液）按一定比例配制而成的溶液，用于注入矿层，交换矿石中有用化学成分的液体，也称浸矿液。

**浸出液** 溶浸液经过矿体过程中，通过离子交换反应将矿体中的稀土及少量杂质交换出来所形成的溶液，也称稀土母液。

**上清液** 经过沉淀工序后，沉淀池上层的澄清液体。

**注液井（孔）** 开挖于矿体顶部便于浸矿液注入的井（孔）。

**集液沟** 用于收集浸出液的沟槽。在拟采矿体所在山脚部位基岩出露或表土覆盖较少的位置开挖，一般开挖至基岩。

**集液巷道** 用于收集浸出液的巷道。一般开挖于矿体底部下方，也称收液巷道。

**导流孔** 人工钻出的用于将浸出液导流出的孔洞。

**集液池** 位于集液沟最低处或集液巷道口附近，用于收集浸出液并沉淀浸出液中所携带泥沙的小型工艺池，也称沉沙池。

**工艺池** 离子型稀土开采过程中所涉及的功能各异的处理池的总称。

**高位池** 建于矿区或矿块的山顶或较高处，能使其中的溶浸液或清水自流至矿块注液井（孔）中，用于稳定和调节压力、流量的工艺池。

**沉淀池** 用于沉淀除杂后的浸出液中的离子型稀土的工艺池。

**收液工程系统** 用于收集浸出液、防止浸出液泄漏的工程组合，一般构筑于矿体底部下方，通常包括巷道、导流孔、集液沟等。

**稀土采选综合回收率** 实际回收稀土氧化物量与动用矿块内的离子型稀土资源储量的百分比。

**液固比** 溶浸液量与稀土矿体矿石量的体积比。

**外部性** 影响其他生产者或消费者的某一生产者或消费者的行为，但这种行为没有反映在市场价格中。

**负外部性** 当一方的行动使另一方付出代价时，该外部性为负。

**正外部性** 当一方的行动使另一方收益时，该外部性为正。

**边际成本（MC）** 生产一个单位额外产出所增加的成本。

**边际外部成本（MEC）** 企业增加一个单位额外产出给外部增加的成本。

**边际社会成本（MSC）** 生产的边际成本和边际外部成本之和。

**排污费** 排放每单位污染物的收费或征税。

**排放标准** 一家企业所能排放的污染物数量的法律限制。

**社会折现率** 从社会角度对资金时间价值的估量，代表社会资金被占用应获得的最低收益率，并被用作不同年份资金价值换算的折现率。

**影子汇率**　单位外汇的经济价值，是为了正确计算外汇的真实经济价值，影子汇率代表着外汇的影子价格。

**影子价格**　依据一定原则确定的，能够反映投入物和产出物的真实经济价值，反映市场供求状况和资源稀缺程度，使资源得到合理配置的价格。

# 目　录

# 第 1 章 绪 论

## 1.1 研究背景

离子型稀土作为我国战略性资源，被广泛应用于电子、农业及军事等各个领域，被誉为“工业维生素”，也因其含各种高新技术、新材料应用急需的中重元素以及是高科技和国防军事领域不可或缺的功能材料而备受社会广泛关注。随着国防科技、新源汽车、风力发电、永磁电机等稀土应用产业的快速发展，离子型稀土矿的供应状况将影响到稀土供应链、产业链安全甚至国家安全。

我国稀土矿种及各矿种中稀土元素配分齐全，离子型稀土矿主要分布于我国江西、广东、云南、浙江、福建、湖南及广西等南方七省，其中，赣南是离子型稀土矿的主产区，资源储量较丰富。我国离子型稀土矿开采最早从 20 世纪 70 年代的赣南开始，稀土矿开采先后经历了池浸、堆浸及原地浸矿工艺等阶段。其中，传统生产实践中采用池浸、堆浸工艺比较容易造成水土流失、植被破坏、水土污染以及尾矿堆积等问题，而采用原地浸矿工艺则容易因矿床底板基岩发育不完整而导致溶浸液渗漏污染地下水、注液后矿山滑坡以及稀土流失等问题但具有对矿山地表植被破坏小以及能将矿体中低品位稀土浸出等优点。

因矿床成因、矿床赋存以及地形地貌特殊等原因，最近二十多年离子型稀土矿开采工艺未有实质性的更新换代。随着《中华人民共和国环境保护法（2014 年修订)》的实施，专家学者和生产实践者对稀土资源合理开发利用“三率”指标及“禁止堆浸工艺，推广原地浸矿工艺”的“一刀切”开采政策存在一定争议，自 2015 年至今，我国离子型稀土矿主产区基本上处于停采或局部开采状态。

对于离子型稀土矿开采，堆浸和原地浸矿工艺均有其优缺点和适用条件。原地浸矿工艺虽然对矿山表土植被破坏较小，但是容易造成稀土和浸矿剂渗漏、污染地下水等现象，资源损失和环境破坏很难控制，且不太适用于“鸡窝状”矿山；池浸和堆浸工艺一般情况下尽管会造成植被破坏和水土流失等现象，但可通过生态重建及其他途径进行有效治理，资源回收率容易控制，因此，生态环境破坏和资源损失可控。

离子型稀土矿提取经过多年的生产实践，随着人们环保意识的增强，对如何绿色高效提取稀土也有了更深刻认识和更高要求。目前，由于国家不同部门出台的相关离子型稀土矿开采工艺的政策不尽相同，因此，基于保护资源和环境的视角，关于我国离子型稀土矿开采该如何科学地选择开采工艺和开采时机的研究刻不容缓。

## 1.2 研究内容及研究方法

### 1.2.1 主要研究内容

#### 1.2.1.1 离子型稀土矿堆浸、原地浸矿开采工艺对资源和环境影响的比较研究

主要从资源回收率、矿山地表植被破坏及可修复性、地下水污染的可控性、滑坡及水土流失等方面对不同开采工艺造成的资源和环境影响进行比较。其中，重点分析了离子型稀土矿开采造成的资源损失和生态环境破

坏的可控性问题，包括首次提出将资源损失分为暂时性损失和永久性损失、生态环境破坏分为显性破坏和隐性破坏等概念。

#### 1.2.1.2 离子型稀土矿不同开采工艺的外部性理论分析

基于外部性理论，提出名义私人成本、实际私人成本、名义社会成本、实际社会成本的概念。研究表明：堆浸工艺容易被过度限制，而原地浸矿工艺容易被过度推广。此外，对于矿床底板基岩完整度明确的稀土矿来说，征收排污费好于限制污染排放量；否则，限制污染排放量好于征收排污费。

#### 1.2.1.3 构建了确定性条件下离子型稀土矿开采工艺和开采时机决策的经济净现值率模型

针对离子型稀土矿矿床底板完整度及资源储量确定的情况，系统考虑了资源采选综合回收率、森林生态系统服务功能价值补偿及其他生态环境成本等因素，分别构建了原地浸矿工艺开采矿山生态自我修复和人工修复以及堆浸矿工艺开采等三种情况下稀土矿山开采工艺选择的净现值率决策模型。此外，构建了确定性条件下离子型稀土矿开采时机的混合稀土氧化物影子价格计算模型。

#### 1.2.1.4 构建了不确定性条件下离子型稀土矿开采工艺决策的组合赋权–云模型

对于矿床底板基岩完整度及矿山资源储量不确定的情况，很难从完全定量的角度进行矿山开采工艺选择，因此，构建了不确定条件下离子型稀土矿开采工艺决策的云模型。

#### 1.2.1.5 离子型稀土矿开采决策的案例分析

通过对A矿山实例分析，在混合稀土氧化物影子价格为16.05万元/吨的条件下，堆浸工艺好于原地浸矿工艺。另外，分析了赣南A离子型稀土矿堆浸、原地浸矿开采工艺的适用条件：以$\lambda=2.29$为临界条件，当$\lambda>2.29$时，堆浸工艺好于原地浸矿工艺；当$\lambda<2.29$时，原地浸矿工艺好于

堆浸工艺。此外，A 矿山开采时机为混合稀土氧化物影子价格大于等于 15.79 万元/吨之时。

### 1.2.2 研究方法

本书综合运用采矿学、现代控制论、经济学、管理学、技术经济学等多学科知识及文献资料法、实地调研法、国民经济净现值率法、组合赋权－云模型等多种研究方法。其中，文献资料法主要运用于离子型稀土矿成矿原因及储量估算方法、开采工艺原理、离子型稀土矿开采的负外部性、“两山”理论与生态文明建设、森林生态系统服务功能价值测算及资源开发环境代价核算等方面；实地调研法运用于对原地浸矿开采试验、废弃矿山生态修复试验矿山的现场调研；国民经济净现值率法用于构建原地浸矿工艺开采后生态自我修复、原地浸矿工艺开采后人工修复以及堆浸矿工艺开采等三种净现值率决策模型；组合赋权－云模型用于评价不确定条件下的堆浸、原地浸矿工艺等。

## 1.3 研究思路及技术路线

### 1.3.1 研究思路

本书的研究基本思路为：第一，从保护资源和环境的角度，对当前离子型稀土矿开采工艺的政策该如制定提出研究课题；第二，基于离子型稀土矿开采的资源环境影响及开采工艺优缺点分析的基础上，提出离子型稀土矿开采工艺的选择和开采时机应从确定性和不确定性角度进行研究；第三，从国民经济评价角度，基于经济净现值率（ENPVR）法分别构建了原地浸矿、堆浸工艺的开采工艺及开采时机选择的经济净现值率决策模型；第四，针对矿床底板完整度和资源储量不确定情况，构建了开采工艺选择的云决策模型；第五，以赣南 A 稀土矿为例进行案例分析；第六，得到相关研究结论。

## 1.3.2　研究技术路线

本书采用的研究技术路线如图 1－1 所示。

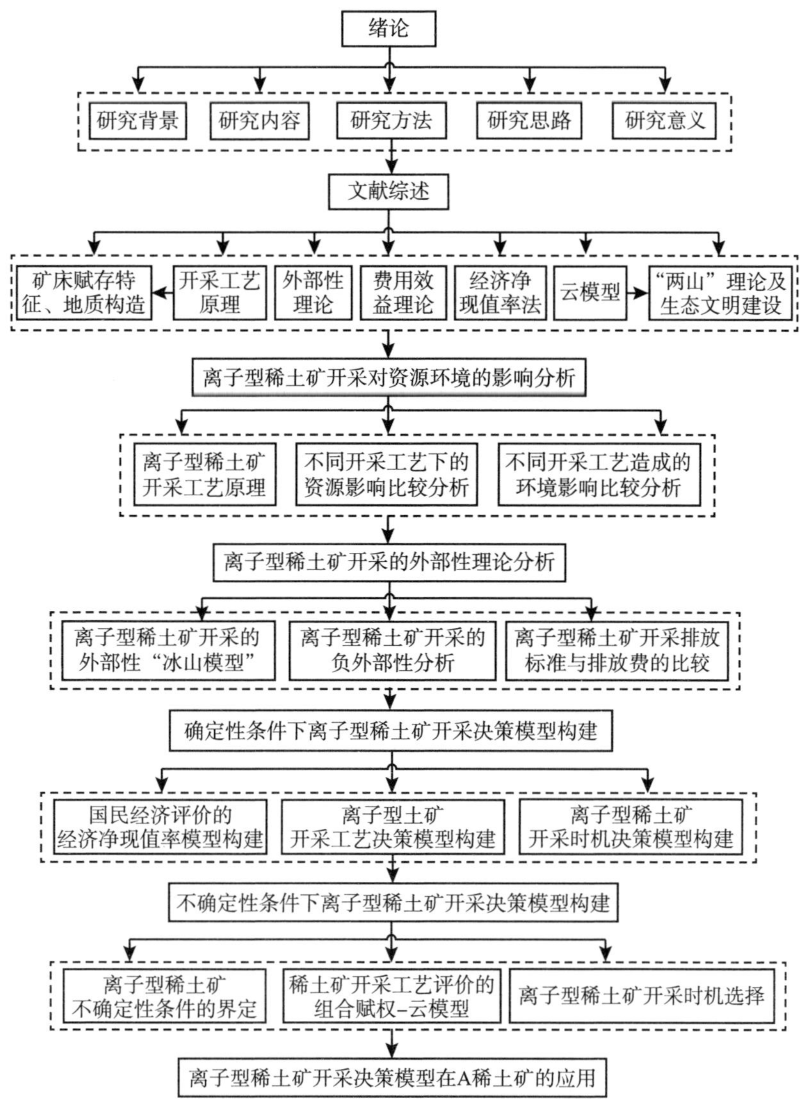


图 1－1　研究技术路线

## 1.4 研究目的和意义

### 1.4.1 研究目的

本书从国民经济评价角度，将离子型稀土矿开采视为一个“项目”，系统考虑矿山开采生命周期内的各种效益流入和费用流出，尤其考虑了矿区森林生态系统服务功能价值补偿成本以及其他生态环境成本，通过构建矿床底板基岩完整度及矿山资源储量确定性条件下开采工艺选择的净现值率决策模型以及不确定条件下的云决策模型，并进行案例分析，以期为国家制定离子型稀土开采工艺选择以及矿山开采时机的政策提供科学依据。

### 1.4.2 研究意义

本书的研究不仅具有一定理论价值，而且具有较大现实意义。

#### 1.4.2.1 理论价值

本书综合运用采矿学、经济学、管理学、地质学、工程岩土学、生态学及环境学等学科理论，从系统科学角度研究离子型稀土矿开采工艺选择和矿山开采时机决策，这种多学科的交叉有助于矿产资源经济学科的发展。一方面，本书将离子型稀土矿开采造成的资源损失和生态环境破坏进行了分类，提出暂时性资源损失和永久性资源损失、生态环境的显性破坏和隐性破坏，并基于外部性基本理论，提出名义私人成本、实际私人成本、名义社会成本、实际社会成本的概念，并较好地应用于离子型稀土矿开采的外部性分析，从而丰富了外部性理论的内容；另一方面，基于现代控制理论，从离子型稀土开采负外部性的能观测性和能控性新视角开展开采工艺评价，从而有助于丰富矿产资源管理理论。

#### 1.4.2.2 现实意义

在现有开采工艺技术条件下，从政策制定者角度，基于保护资源和环境的视角，离子型稀土矿究竟该采用堆浸工艺还是原地浸矿工艺、矿山是否应该开采以及什么时候才值得开采等问题的决策一直缺少理论依据。本书通过构建离子型稀土矿开采工艺及矿山开采时机决策模型，为稀土矿开采提供决策依据，因此，具有较大现实意义。

## 1.5 相关概念及研究范围的界定

### 1.5.1 相关概念的界定

#### 1.5.1.1 离子型稀土矿开采工艺

一般地，因离子型稀土矿采用原地浸矿工艺开采具有采选合一的特点，堆浸工艺尽管属于露天开采，但也有溶浸环节，因此，较多地将堆浸工艺、原地浸矿工艺称为生产工艺。考虑到本书拟突出离子型稀土矿开采对资源环境的影响，所以，本书将堆浸、原地浸矿工艺界定为开采工艺。

#### 1.5.1.2 离子型稀土矿开采的确定性或不确定性条件

本书研究的是离子型稀土矿开采工艺和矿山开采时机的选择问题，而矿山开采时机在本书研究中与开采工艺的选择具有关联性，因此，研究的重点在开采工艺的选择方面。由于本书以保护资源和生态环境为研究视角，因此，在开采工艺比选时不仅考虑了原地浸矿工艺条件下的母液渗漏造成的资源漏损和地下水污染问题，而且考虑了堆浸、原地浸矿工艺条件下的资源回收率的问题，而这些问题均与矿床底板基岩的完整度以及矿山资源储量的估算等有关。为了研究的方便，本书基于决策的分类，将“确定性条件”界定为离子型稀土矿床底板基岩完整度及资源储量的估算是明确的状况；而将“不确定性条件”界定为离子型稀土矿床底板基岩完整度及资源储量的估算是不明确的状况。

### 1.5.2 研究范围的界定

由于矿山开采决策包含的内容较广，而研究范围有限，因此，本书主要探讨离子型稀土矿开采实践中比较突出的开采工艺选择和矿山开采时机等决策问题。考虑到研究的落脚点在决策模型，因此，将本书的研究范围界定为离子型稀土矿的开采决策模型研究。

# 第2章 文献综述

相关研究文献主要涉及离子型稀土矿成因及矿床赋存特征、离子型稀土矿生产工艺、矿产资源开发的生态资源补偿、矿山开采对生态系统的影响、相关成本估算以及投资决策方法等方面。由于离子型稀土矿主要产于我国南方七省，且离子型稀土作为一种国家战略性资源备受国际社会关注，相关研究具有一定敏感性，因此，有关研究主要集中在国内，有关离子型稀土矿开采工艺的国外文献较少。

## 2.1 文献回顾

### 2.1.1 离子型稀土矿成矿原因、地质结构及矿床赋存特征

#### 2.1.1.1 离子型稀土矿成矿原因

离子型稀土矿是我国特有的稀土矿种，广泛分布在我国南方的江西、福建、广东、云南、湖南、广西、浙江等省（苏文清，2009；张祖海，1990；叶仁荪和吴一丁，2014），它的稀土配分富含中重稀土元素。其中，

中稀土和重稀土储量占世界的80%以上，是我国宝贵的矿产资源（池汝安，2007）。

花岗岩风化壳稀土矿是漫长的表生风化作用下的产物，对于气候温暖、雨量充沛、植被繁茂、微生物活动极其活跃的南方地区，为风化壳的发育和稀土元素（REE）的次生富集提供了优越条件。原岩不断地被风化，REE不断从原岩中溶出，逐渐形成风化壳，并使表层不断被剥蚀，但其剥蚀速率小于REE向下迁移的速度，使剥蚀部分的REE充分聚集在下部逐渐发育起来的新风化壳中（陈志澄，1997）。

#### 2.1.1.2 离子型稀土矿地质结构

离子型稀土矿按地貌成因类型和形态特征分类，其地貌类型主要分为侵蚀构造中－低山地貌、构造剥蚀丘陵地貌、构造剥蚀丘岗地貌、侵蚀溶蚀残丘地貌以及侵蚀河谷堆积地貌等五个类型（北京宝地益联地质勘查工程技术有限公司，2012）。矿区地层岩性主要为燕山早期花岗岩，其风化壳在山顶与山脊发育较好，厚度可达5～30米，是稀土矿床赋存的主要部位。区内岩土体类型按其岩性结构特征可分为松散岩类、红色碎屑岩类、碳酸盐岩类、变质岩类及岩浆岩类五大类型。其中，岩浆岩为离子型稀土矿的成矿母岩。此外，也有按照离子型稀土矿地质条件划分为裸脚式、全复式等类型。汤询忠等（1998）从成矿母岩、稀土配分、矿石颗粒、稀土在垂直剖面上的富集特征、矿体水文地质条件以及矿床的采矿工程地质条件等方面分别对离子型稀土矿进行了分类；袁长林（2010）从稀土矿床溶浸开采工艺将地质类型划分为天然矿体底板类型、人造矿体底板类型以及利用水封闭控制浸出液的矿床类型。

#### 2.1.1.3 离子型稀土矿赋存特征

离子型稀土矿床为裸露地面的风化花岗岩或火山岩风化壳，大多处于海拔小于550米、高差60～250米的丘陵地带，以平缓低山和水系发育为特征。矿床厚度为5～30米，一般为8～10米。矿体自上而下较明显地分为腐殖层（含残坡积层）、全风化层、半风化层以及基岩（如图2－1所示），稀土主要赋存在全风化层。此外，根据原矿稀土品位随矿体深度变化表现出的规律，矿体分深潜式、浅伏式和表露式等三种分布形式（袁长林，2010），如表2－1所示。

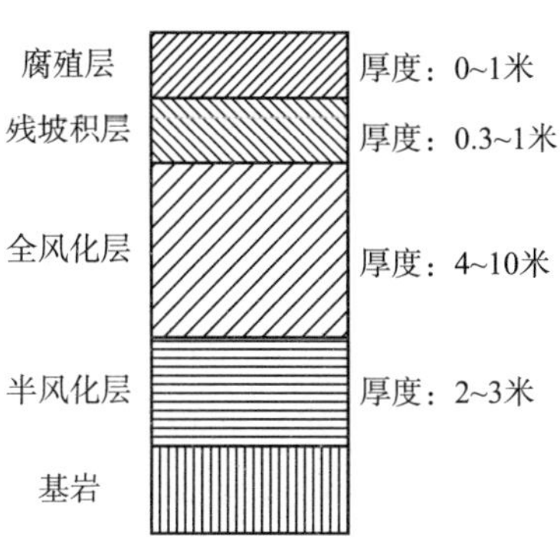


**图2－1　离子型稀土矿矿体分层**

资料来源：根据袁长林（2010）文献资料整理而得。

**表2－1　离子型稀土矿垂向分布形式及特征**

| 序号 | 分布形式 | 特征 |
| --- | --- | --- |
| 1 | 深潜式 | 上层植被较好，剥蚀差，10米以下稀土含量高 |
| 2 | 浅伏式 | 上层植被较好，风化壳剥蚀少，稀土主要富集在0.5～2米以下的全风化壳层 |
| 3 | 表露式 | 表土裸露，稀土含量较高的全风化层相对上升裸露于表面 |

资料来源：根据袁长林（2010）文献资料整理而得。

离子型稀土矿中主要是黏土类矿物，此类稀土矿物中稀土元素85%左右以离子相存在，原矿稀土品位（含REO）一般为0.05%～0.3%，且同一矿区的不同山头其稀土品位可能相差2～6倍，品位变化规律不明显（池汝安，2006），采用常规的物理选矿法无法使稀土富集为相应的稀土精矿，因此，只能采用化学选矿法。

从现有文献来看，离子型稀土矿具有以下地质特征：

（1）离子型稀土矿中主要是黏土类矿物，矿体赋存浅，此类稀土矿物中稀土元素大多以离子相存在，只能采用化学溶剂浸矿。

（2）离子型稀土矿底板基岩发育程度及地形地貌有较大差异，绝大部分离子型稀土矿底板基岩发育不好，存在裂隙或破碎带，少部分稀土矿底板基岩发育完整。此外，有的稀土矿地貌形似“鸡窝状”。

（3）离子型稀土矿矿床分布较分散，矿山资源储量不容易估算准确。

（4）离子型稀土矿矿体自上而下分为腐殖层（含残坡积层）、全风化层、半风化层以及基岩，分布具有一定规律，且矿体规模相对较小。

目前，还没有相关离子型稀土矿床底板基岩完整度分类的文献，然而，离子型稀土矿床底板基岩完整度将影响到离子型稀土矿开采工艺的选择。

### 2.1.2 稀土开采工艺

堆浸采矿技术源远流长，特别是最近几十年获得广泛的工业应用。现在，堆浸不仅广泛用于世界各地的铜、金提取回收，而且通过适当调整相应工艺，也可从低品位的矿石资源中经济地回收其他金属（Mwase and Petersen，2012；Mellado，2009；Kodali，2011；Mwase，2012；Tremolada，2010）。随着影响堆浸效果的矿堆底衬及垫衬系统、喷淋系统及矿堆的渗透性等因素的改进，堆浸产业将迎来更大的发展空间（Walker，2011；吴爱祥，2006；Shokobayev，2015）。纳米比亚的 Areva 公司所属的 Trekkopje 矿山的开发分三阶段，在不少于 12 年的开采期内每天堆浸 10 万吨矿石，年产约 3200 吨铀。堆浸的衬垫宽 600 米，长 2000 米，采用时断时续的喷淋系统。堆浸后的矿石运回到已采尽的原矿床工作面堆放。芬兰 Talvivaara 矿业公司采用生物浸出法处理矿石。离子型稀土矿开采始于 20 世纪 70 年代，先后经历了池浸、堆浸和原地浸矿三种不同的工艺技术（汤询忠和李茂楠等，1999；黄小卫和张永奇等，2011）。离子型稀土矿中主要是黏土类矿物，此类稀土矿物中稀土元素 85% 左右以离子相存在（池汝安和田君等，2005），采用常规的物理选矿法无法使稀土富集为相应的稀土精矿，只能采用化学选矿法。池汝安等（2006）认为离子型稀土开采经历了三代工艺，第一代工艺为氯化钠浸取稀土工艺，又分为氯化钠桶浸和氯化钠池浸两个阶段，即采用露采，将矿石放入桶或池中用氯化钠（NaCl）溶液作为电解质浸取剂，草酸作为沉淀剂浸取稀土，尾矿搬运至尾砂堆砌地（如图 2－2 所示）。尽管第一代浸取工艺技术具有很多优点，但是，由于该工艺会产生大量的氯化钠高浓度废水，而且还有相当一部分氯化钠保留在尾渣中容易导致土壤盐化，破坏生态环境，影响作物生长，以及会降低稀土的收率，因此，人们后来采用硫酸铵作浸取剂，以草酸或碳酸氢铵作沉淀剂的第二代稀土浸取工艺（如图 2－3 所示）。但是，第二代浸取工艺存在一些缺点，例如，地表剥离物及尾砂量大，要进行"搬山"运动，相关研究表明，每生产 1 吨稀土产品，必须开采的地表面积达 200～800 平方米，需剥离矿物和产生尾砂 1200～1500 立方米，大量的尾砂及剥离物的堆弃，既占用土地，又破坏了植被，造成水土流失，严重破坏了矿区生态环境。此外，第二代工艺稀土资源利用率和浸取效率低，浸取液中稀土浓度低，杂质含量高，为减少矿石及尾砂搬运费，浸池一般都在矿石采区附近，剥离物也就地堆弃在半山腰以下，山腰以下的矿石基本被尾砂掩埋而无法利用。此外，由于矿石较坚硬、品位略低，往往会丢弃不采，造成资源利用率极低（邵亿生，2000）。为了克服池浸工艺的缺点，充分利用资源，赣州有色冶金研究所、长沙矿冶研究院、长沙矿山研究院等单位于"八五"期间研究和开发了离子型稀土第三代浸取工艺——原地浸矿工艺，即将化学溶液注入天然埋藏的矿体中，选择性地浸取有用成分，然后通过回收并将浸取液送至地面工厂提取加工（邵亿生，2000）。

池汝安等（2012）认为，离子型稀土矿的浸出工艺已发展到第三代浸出工艺（如图 2－4 所示），第二代浸出工艺中的池浸工艺暴露出一些明显的缺点，例如，需进行"搬山"运动和大量山体剥离及尾砂的堆弃，既占用土地，又破坏植被，易造成水土流失，严重破坏了矿区生态环境，池浸

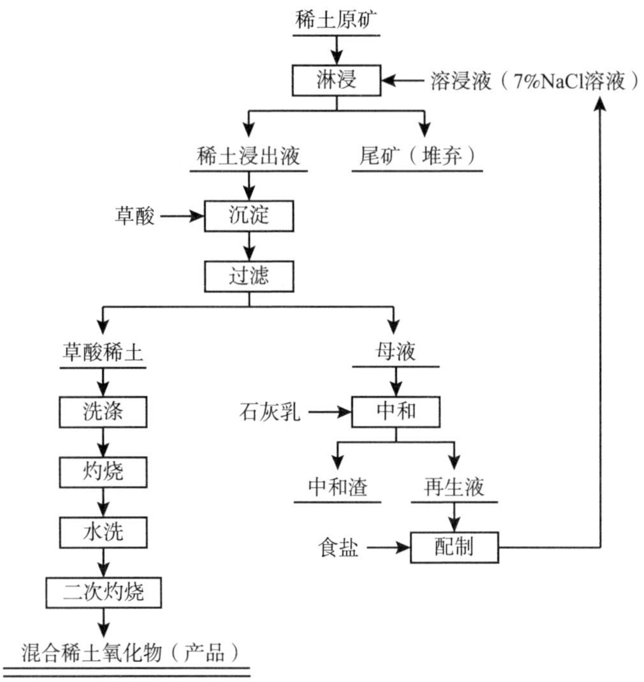


**图 2-2　离子型稀土矿第一代氯化钠池浸工艺流程**

资料来源：根据池汝安（2006）文献资料整理而得。

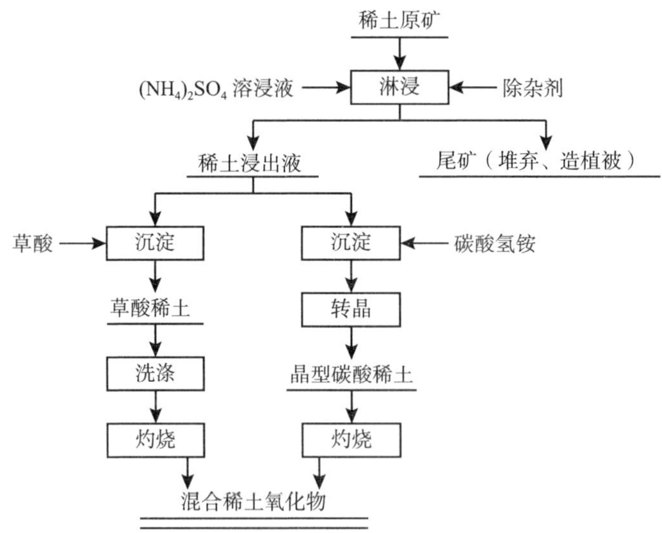


**图 2-3　离子型稀土矿第二代提取工艺流程**

资料来源：根据池汝安（2006）文献资料整理而得。

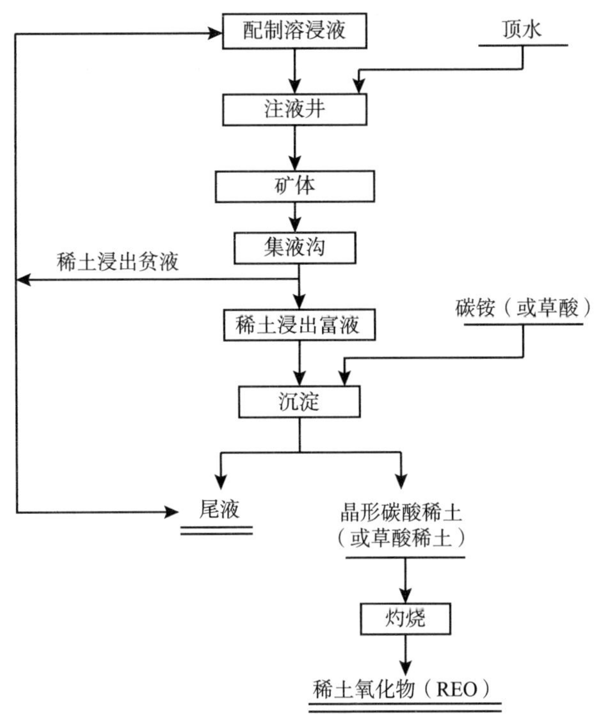


**图 2-4　离子型稀土矿原地浸出流程**

资料来源：根据池汝安（2006）文献资料整理而得。

工艺正逐步被堆浸工艺和原地浸出工艺取代。采用堆浸工艺开采离子型稀土矿，只要严格按相关规范进行生态恢复或土地复垦，那么堆浸工艺也应该推广。对于矿体有假底板和无裂隙的矿床，推广原地浸出工艺，只要合理注液，能起到很好的回收稀土的作用。

然而，对于矿体没有假底板或有裂隙的矿床，原地浸出工艺往往造成浸出液的泄漏，污染地下水系和水体，常常也因注液不当导致山体滑坡，毁坏农田，直接影响矿山经济效益。因此，现阶段对于无假底板或可能有裂隙的矿体，应结合土地平整和尾矿复垦，推广堆浸工艺。

为了减少氨氮废水污染，黄小卫等（2009）提出用氯化镁代替硫酸铵作为浸取剂。离子型稀土矿浸出工艺，均存在水土流失及水系污染的环保问题，因此，对残留有浸矿剂的尾矿进行生态修复与植被修复将是重要的研究方向，特别是要注重稀土离子的二次迁移富集规律的探索，有效地防止稀土矿开采后稀土离子对水体和水系的污染。李春（2011）将原地浸矿工艺应用到福建某稀土矿中，取得了较好效果，不仅保护了山体原貌，避免了水土流失，而且使矿山取得了显著的经济效益和社会效益。赖兆添等（2010）通过对采用原地浸矿工艺开采的离子型稀土矿的分析，认为在制定该类型的矿山回采率、贫化率和选矿回收率时，应结合采矿工艺特点来考虑矿山的考核指标。淡永富（2006）通过对某稀土矿开采技术条件的研究，提出了该稀土矿采用原地浸析开采工艺具有显著的经济效益和社会效益。赵中波（2000）对于原地浸矿工艺推广应用中值得重视的补充地质勘探、室内浸析模拟试验以及加强现场施工管理等问题做了较为详细的阐述。游宏亮（2009）认为原地浸矿技术还需进一步研究，以使各种地质类型的矿床都有一套与之特点相适应的原地浸矿技术。伍红强等（2010）认为原地溶浸与池浸等工艺相比较虽然具有劳动强度和生产成本低、资源利用率和生产效率高以及对环境和生态的破坏小等优点，但推广程度仍然不是很高，其主要原因是离子型稀土矿床的构成复杂和对原地溶浸基础理论研究不够深入，无法建立相应的模型来指导实际生产，造成只有凭经验来解决原地溶浸技术在应用过程出现的一些问题。袁国才（2010）对当前堆浸工艺设计的若干要点和需要把握的一些问题进行了归纳和论述，推出了堆浸场面积设计计算通用公式。李春等（2001）针对离子型稀土矿原地浸矿中的反吸附问题，开展了室内与现场试验，提出了防范原地浸矿出现反吸附问题的措施。肖智政等（2003）针对试验采场的工程及水文地质情况，在国内首次成功试验了底板深潜式离子型稀土矿原地浸析采矿的新方法，主要包括采场规模及储量计算、试验工艺技术流程、试验采场的总体设计、试验过程、试验监测系统及监测结果等。袁长林（2010）认为有天然基岩底板的矿床（主要以 LN 矿为代表，约占资源比例 10%），必须进行人工造底的矿床（约占资源量 60% 以上）。在推广应用原地浸矿开采技术中，应通过基本参数的测定，确定其地质类型并采用相适应的技术措施，才能取得较好的效果。丁嘉榆（2012）将离子型稀土开采工艺分为两代工艺，第一代工艺为“池浸工艺”，第二代工艺为“原地浸出工艺”。第一代提取工艺具有资源浪费、环境破坏两大缺陷，资源利用率约 35% ~40%；第二代提取工艺具有技术较难掌握的缺点，但其优点在于可使环境大大改善，资源利用率大幅提高至 75% 以上，有的甚至可将按地质报告计算储量之外的部分资源加以回收。现在，国家产业技术政策已明令淘汰第一代提取工艺，推广使用第二代提取工艺。此外，还有一些国内文献对离子型稀土浸出过程进行了研究（田君等，2013；Yang，2015；Moldoveanu，2013）。

从相关文献研究可以看出，目前，关于离子型稀土矿采用何种开采工艺的相关国家政策存在相互矛盾的现象，尽管有的政策提出推广原地浸矿工艺，但是，池浸、堆浸和原地浸矿工艺各有其优缺点，均会造成一定的资源损失和生态环境破坏，相关文献主流观点认为堆浸和原地浸矿工艺均具有一定推广价值，但是没有文献系统评价堆浸工艺和原地浸矿工艺的优缺点，也没有从理论上分析相关开采工艺政策的制定依据。

### 2.1.3 矿产资源开发的生态环境补偿

段然等（2012）在系统总结我国矿产资源生态补偿现状及问题的基础上，结合国内已有的矿产资源补偿经验，提出了我国矿产资源开发生态补偿的框架。蔡绍洪等（2011）采用博弈论分析方法，通过研究居民与居民、企业与企业、居民与企业的博弈关系，提出矿产资源生态补偿需要政府部门积极协调平衡各方利益，制定合理生态补偿政策，从而实现社会综合利益最大化。景普秋等（2010）认为资源生态环境补偿重点要建设矿产资源综合开发与补偿制度、规范化开采与环境服务付费制度、即时修复与补偿制度、矿区生态恢复制度及矿区转型支持制度等五项制度。张立海（2010）论述了建立矿山环境生态补偿制度的必要性，提出了矿产资源开发生态补偿经济政策的建议。吕雁琴（2010）认为矿山开发应改革和完善资源税，建立资源耗竭补贴制度。张复明（2009）基于矿产开发的负效应，提出矿产开发的资源生态环境补偿应采取资源补偿、生态环境补偿与矿区（区域）补偿，实行防范性补偿、即时性补偿与修复性补偿，实施实体性补偿、功能性补偿与价值性补偿。闵苹等（2009）以铀矿开发为例，提出了健全我国铀矿资源开发生态补偿机制的政策建议。高彤（2007）根据在甘肃省庆阳市针对石油资源开发所造成的生态环境破坏所存在的问题，对矿产资源中应用生态补偿机制做了相应探讨。万红梅等（2011）在分析影响矿山地质环境恢复治理保证金的因素，构建了保证金的测算模型。宋蕾等（2011）根据矿产资源开发生态补偿的定义，分别建立了最小补偿费用和最大补偿费用核算模型。胡志刚等（2011）通过对矿山土地复垦的法律法规、土地复垦资金和土地复垦技术等问题的分析，提出了矿山土地复垦的有关对策。

赖丹等（2012）在对离子型稀土行业进行深入调研的基础上，分析了该行业的税收现状及存在的主要问题，并对推动我国稀土行业税费改革提出了相关的对策建议。以上文献表明，我国矿产资源开发的生态环境补偿方式主要有土地复垦金、矿山地质环境恢复治理保证金等。

另外，随着人们对生态环境的日益重视，关于森林生态系统服务功能的研究成为生态学的研究热点。科斯坦萨等（Costanza et al.，1997）首次建立了“生态服务指标体系”，采用定量的方法测算了全球生态系统服务价值。马定国等（2003）运用生态经济学方法，从森林净化环境、固定二氧化碳和释放氧气、森林涵养水源以及森林保护土壤等江西省森林生态系统主导服务功能价值进行了定量评估。余新晓等（2005）从林木产品及林果产品、森林游憩价值、涵养水源功能、固定碳和释放氧气功能、营养物质循环与储藏功能、净化空气功能、水土保持功能、维持生物多样性等八个方面进行估算我国森林生态系统服务功能的总价值。许纪泉等（2007）使用机会成本法、市场价格替代法及影子工程价格法等评估方法从涵养水源、保持土壤、净化空气、固碳制氧、休闲游憩等五个方面对武夷山自然保护区森林服务功能价值进行了估算。陈等（Chen et al.，2009）对森林、草地、湖泊及海洋等生态系统服务价值进行了评估。赵元藩等（2010）从云南省森林生态系统的调节功能、支持功能、文化功能及提供产品等服务功能对云南省森林生态系统的服务功能价值进行了估算，具体评价指标体系如表 2－2 所示。

**表 2－2　云南省森林服务功能评估指标体系**

| 功能类型 | 指标类别 | 评价指标 |
| --- | --- | --- |
| 调节功能 | 涵养水源 | 调节水量、净化水质 |
|  | 保育土壤 | 森林固土、森林保肥 |
|  | 固碳释放 | 森林固碳、释放氧气 |
|  | 林木营养积累 | 林木营养积累 |
|  | 净化环境 | 吸收二氧化硫、吸收氟化物、吸收氮氧化物、阻滞沉降 |
| 支持功能 | 生物多样性保护 | 生物多样性保护 |
| 文化功能 | 森林游憩 | 森林游憩 |
| 提供产品 | 林产品采集 | 林产品采集 |

资料来源：根据赵元藩等（2010）文献整理而得。

李锋等（Li et al.，2011）对不同区域、不同自然地理区的生态系统服务价值进行了评估。刘兴元等（Liu et al.，2011）对生物多样性保护、环境净化及土壤保持等生态系统的服务价值进行了评估。布拉等（Braat et al.，2012）对生态系统服务价值评估的市场价值法、费用支出法及条件价值法进行了比较。

李坦等（2013）对江西省遂川县公益林生态系统服务功能的经济价值进行了全面动态评估，以期获得科学的生态补偿标准，评价指标包括涵养水源、固土保肥、固碳释氧、积累营养物质、净化大气及生物多样性等六个方面，如表 2－3 所示。

**表 2－3　　森林生态系统服务价值评估指标体系**

| 功能类别 | 涵养水源 | | 保育土壤 | | 固碳释氧 | | 积累营养物质 | 净化大气 | | | | 森林防护 | 生物多样性 | 森林游憩 |
|---|---|---|---|---|---|---|---|---|---|---|---|---|---|---|
| 评价指标 | 调节水量 | 净化水质 | 固土 | 保肥 | 固碳 | 释氧 | 林木营养积累 | 提供负离子 | 吸引污染物 | 降低噪声 | 滞尘 | 森林防护 | 物种保育 | 森林游憩 |
| 实物量 | √ | √ | √ | √ | √ | √ | √ | — | √ | — | √ | — | √ | — |
| 价值量 | √ | √ | √ | √ | √ | √ | √ | — | √ | — | √ | — | √ | — |

注："√"表示具备该类生态服务并可以进行价值评估；"—"表示不具备该类生态服务或由于数据缺乏等原因暂时没有进行价值评估。

资料来源：根据李坦等（2013）文献整理而得。

肖强等（2014）以重庆市为例，将森林生态系统服务功能划分为支持功能、调节功能、文化服务功能及提供产品功能等四种，并构建了森林生态系统服务功能价值评价指标体系，如表 2－4 所示。

**表 2－4　　森林生态系统服务功能价值评价指标体系**

| 功能 | 提供产品 | | 调节功能 | | | 文化功能 | 支持功能 | |
|---|---|---|---|---|---|---|---|---|
| | 木材 | 林副产品 | 气候调节 | 水源涵养 | 土壤保持 | 文化旅游 | 固碳 | 维持生物多样性 |
| 评价内容 | √ | √ | √ | √ | √ | √ | √ | √ |
| 评价方法 | 市场价值法 | 市场价值法 | 替代成本法 | 替代成本法 | 机会成本法 | 产业关联法 | 造林成本法 | 支付意愿法 |

注："√"表示具备该类生态服务并可以进行价值评估。

资料来源：根据肖强等（2014）文献整理而得。

赵金龙等（2013）指出国内外学者普遍认为森林生态系统具有供给服务、调节服务、文化服务和支持服务四种服务功能，由此衍生出的评估指标体系多样，其中，我国森林生态系统服务功能评估所包含的六项功能（涵养水源、保育土壤、固碳释氧、积累营养物质、净化大气环境和生物多样性保护）十一个指标（调节水量、净化水质、固土、保肥、固碳、释氧、林木营养物质积累、提供负离子、吸收污染物、滞尘和物种保育）构成的评估体系科学性较高，被广泛采用。此外，归纳总结了国内外现有的相关体系、评估方法及计算方法，如表2－5所示。

表2－5　森林生态系统服务功能价值评估计算方法

| 服务项目 | 功能指标 | 评估方法 | 计算方法 |
| --- | --- | --- | --- |
| 水源涵养 | 调节水量 | 替代工程法 | 蓄积水量×用水价格 |
| | 净化水质 | 替代工程法 | 蓄积水量×净化费用 |
| 保育土壤 | 固土 | 影子工程法 | 流失量×单位蓄水量水库造价成本 |
| | 保肥 | 影子价格法 | 氮、磷、钾等养分流失量×化肥价格 |
| 大气调节 | 固定二氧化碳 | 市场/影子 | 二氧化碳固定量×固碳价格或造林成本 |
| | 释放氧气 | 市场/影子 | 氧气释放量×工业制氧价格或造林成本 |
| 净化环境 | 吸收污染气体 | 费用分析法 | 吸收污染气体量×去除单位污染气体的成本 |
| | 滞尘 | 费用分析法 | 滞尘量×削减单位粉尘的成本 |
| 营养循环 | 林分持留养分 | 影子价格法 | 林分持留氮、磷、钾量×化肥价格 |
| 生物多样性 | 物种保有 | 费用分析法 | 香浓维纳指数、濒危指数及特有种指数计算 |
| 森林游憩 | 旅游 | 旅行费用法 | 旅行费用法 |
| 森林防护 | 森林防护 | 费用分析法 | 森林面积×单位面积森林的各项防护成本 |

资料来源：根据赵金龙等（2013）文献资料整理而得。

国内外学者普遍认为森林生态系统具有服务功能价值，然而，从矿产资源开发评价角度，还没有文献将森林生态系统服务功能价值补偿列入生态环境补偿范畴。实际上，离子型稀土矿开采生态环境补偿应考虑矿区森林生态系统服务功能价值补偿。

### 2.1.4　矿山开采对生态系统的影响

香宝等（2011）以成渝经济区为研究对象，综合运用RS和GIS技术，采用空间图层叠加法，分析了矿产资源开发利用对生态环境的影响。温小军等（2013）以赣南信丰某稀土矿区耕作层土壤为研究对象，发现稀土矿区土壤环境已经受到严重污染，需要对尾矿砂进行切实有效的治理，加强稀土矿区的土壤环境修复以减少区域内的水土流失，确保稀土矿区耕作层土壤不受到进一步污染。汪振立等（2009）对稀土元素在土壤和脐橙植物体内的分布、迁移、累积特征进行了研究，认为土壤环境中稀土元素含量高低直接影响脐橙植物体稀土元素含量，尽管土壤地质环境和脐橙的根、叶稀土含量很高，但由于土壤－植物壁垒作用和植物体自身的选择性吸收、控制性积累功能，作为植物体末梢器官的果肉中稀土累积量非常低，一般果肉比树根低 3～4 个数量级，果肉稀土氧化物（REO）含量最高在 0.11 毫克/千克以内。朱为方等（1997）通过对赣南稀土区食谱中稀土分布调查，估算得稀土区成人的稀土氧化物（REO）日摄入量为 6.0～6.7 毫克，属不安全量，而对照区成人日摄入量为 3.3 毫克为安全量。朱建华等（2006）认为稀土环境有潜在的致突变作用，居住在稀土矿区的人群饮水及食物可能对健康产生影响。高志强等（2011）介绍了我国典型稀土矿露天开采的主要方法和工艺流程，概述了稀土矿露天开采过程所产生的放射性污染、重金属、氟、氨氮和硫酸根污染问题，并且阐明了稀土矿开采对资源回收利用、周边大气、植物、水生态系统、土壤环境的影响与潜在的危害，为稀土矿区的污染综合整治和污染环境的生态修复提供科学依据。

此外，刘毅（2002）认为稀土开采工艺由池浸法改为原地浸矿法，表面上减少了水土流失，但随着时间的推移，造成浸矿的山体滑坡严重，并且具有滑坡时间和地点的不确定性，因而治理目标不明确。杜雯（2001）针对原地浸矿新工艺及池浸工艺生产稀土的不同环境影响，进行了龙南、寻乌两试验矿块的水、土壤环境质量监测，指出原地浸矿新工艺对水、土壤环境质量影响甚小。许炼烽等（1999）评价了广东省平远县稀土开采对土地资源的影响以及植被恢复措施对水土流失和土壤理化性质的影响，并据此提出了适合的植被恢复措施。文章（1996）认为原地浸矿工艺能有效保护植被，但仍存在资源流失和生态环境保护的问题。矿山开采不仅可能造成水土流失，也会造成生物多样性和植物多样性的损失等，因此，从环境成本内部化的角度，该成本应纳入矿山开采企业的成本中。

相关文献探讨了稀土开采会造成不同程度的滑坡、水土流失等现象，也会对土壤、河流、农作物以及人体健康造成一定的影响。从现有研究来看，离子型稀土矿的放射性较低，稀土开采造成对人体健康的危害范围和程度还没有系统研究。

### 2.1.5 相关成本估算

#### 2.1.5.1 环境成本估算

关于环境成本的定义没有统一说法，但是，比较权威的说法是联合国国际会议和报告标准政府间专家工作组第 15 次会议的《环境会计和报告的立场公告》中对环境成本的定义为：企业本着对环境负责的原则，为管理企业经营行为对环境的影响而发生的支出，及企业因执行环境要求而发生的其他成本。此外，也有学者给出了环境成本条目及计量方法（Jasch，2003）。胡振华（2003）根据成本及效用原理推导出环境成本计量模型及可行方法。李志学等（2010）通过分别计算油气田开发资源耗减成本、环境降级成本、环境维护治理成本和环境机会成本得到了油气田开发的环境成本。环境代价的计量经历了长期的发展，1983 年，著名经济学家梅纳德·胡弗斯密特（Maynard）和约翰·狄克逊（John）第一次较为系统地介绍了环境经济评价的理论和方法，并且进行了相关的案例研究（吴强，2008）。1993 年，美国著名环境经济学家迈里克·弗里曼（2002）对环境价值评估方法进行了总结，将评估方法分为直接与间接两大类，其中直接的包括市场价格、模拟市场，间接的包括旅行费用、内涵资产价值、防护支出等。这是第一次按照直接和间接市场法来划分环境价值评价法，这种分类法也沿用至今。但由于间接市场法的存在，导致不同的人计算同一环境问题评价结果却有很大差别。为了能够更加准确地估算环境代价，部分学者另辟蹊径，美国著名生态学家奥德姆（Odum，1983）提出了能值理论。迪堡（Dubourg，1996）将剂量-反应法应用于实际中，瓦克纳格尔等（Wackernagel et al.，1996）提出了“生态足迹”（ecological footprint）度量指标。

我国学者应用环境价值评价方法进行了一系列的实践研究。1984年，过孝民等（1990）首先以全国为对象进行环境代价的研究，但该研究只计算了环境污染破坏损失，没有考虑到生态环境破坏损失。金鉴明（1994）主持完成了“中国典型生态区生态破坏经济损失及其计算方法”的研究，这是生态破坏损失计量的重大进展。徐嵩龄（1997）将环境代价分为环境污染和生态破坏两个部分进行计量。

吴文洁等（2011）在参考较成熟的环境价值评价方法的基础上，综合应用了人力资本法、市场价值法和恢复费用法。其中：第一，人力资本法。人力资本法是专门用来评估环境污染对人类健康的影响，进而估算环境价值损失；大气污染和水污染带来了疾病，因疾病造成的死亡、医疗费用和误工都是经济损失，应用人力资本法，并参考PM10的剂量-反应关系计量医药费、工资减少额度等来确定环境代价的具体量值（韩贵锋等，2001）。第二，市场价值法。市场价值法是把环境质量看作一个生产要素，用直接受到环境质量变化影响的物品的市场价格来度量环境资源价值的一种环境价值评价方法。大气环境、水环境、土地资源以及植被资源的优劣影响农业、畜牧业的产量质量水平，调查农产品的市场价格及减产额度，参考大气污染与农作物产量的剂量-效应关系便能得到环境代价。此外，家庭清洗费用、废水治理费用、煤矸石处理费用都是有市场价格的，通过加总计量可以直接将其视为环境代价（宋赪，2006）。第三，恢复费用法。恢复费用法是通过计算环境遭到污染后，将其恢复原来的面貌所需的费用来估算环境退化价值的一种环境价值评估方法。水土流失、土地沙漠化、植被的恢复等可以通过植树造林、修筑防沙障、人工看护费用等方法实现，应用恢复费用法考虑恢复生态环境产生的费用，得到生态破坏的环境代价（如图2-5所示）。吴强（2008）认为，按照矿产资源开发环境代价产生的时间顺序，将代价分为防护性支出、环境破坏损失、恢复治理成本三个部分，并采用直接市场评价法、替代市场评价法中的防护支出法和成果参照法从土地恢复治理费用、生态系统生态价值损失、耕地破坏造成农作物损失、环境污染造成农作物减产损失、环境污染造成人体健康损失和生态环境维护成本六个方面对安太堡露天煤矿矿区生态环境成本进行了估算。

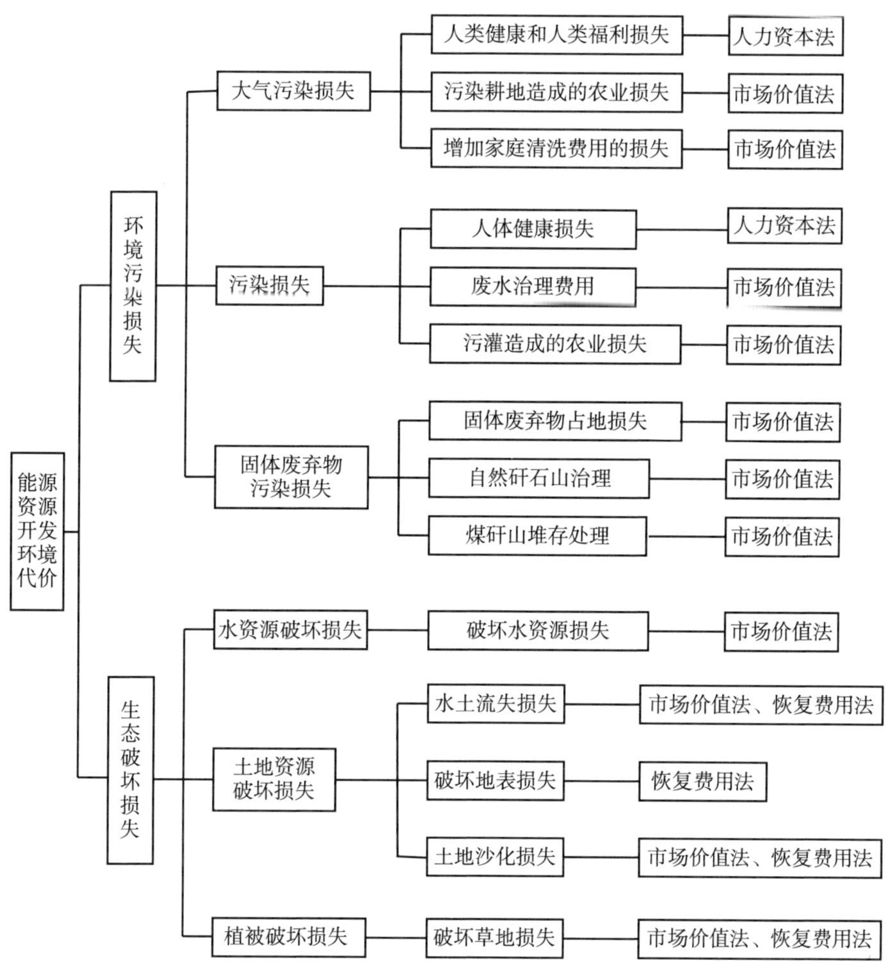


**图 2－5　能源资源开发环境代价核算内容及方法**

资料来源：根据吴文洁等（2011）文献资料整理而得。

徐占军等（2012）从生态学的角度，以徐州矿区为例，选择植被净初级生产力（net primary productivity，NPP）作为统一气候变化和采矿活动对矿区生态环境损失的衡量指标，通过该指标实现气候变化和采矿活动对矿区生态环境损失的可比性。大气污染、酸雨、水污染和综合性污染的环境损失往往借助相关统计数据进行估算（The World Bank，1997；Gary，2014；Florig，1995）。王士君等（2010）按照环境成本的产生时序将其分为环境维护成本、环境治理成本和环境降级成本，应用市场价格法、生态系统服务价值法在分类测算单项环境成本基础上，加和核算大庆石油开采的整体环境成本。朱小娟等（2011）通过环境影响因子的筛选和环境影响的定量分析，对广西北部湾桉树人工林的生态环境影响效益和损失进行了比较。侯湖平等（2012）采用基于遥感过程的CASA模型测算了江苏徐州九里矿区植被净初级生产力（NPP），并对矿区生态环境进行了测度。张倩等（2012）采用修正的人力资本法、市场价值法、污染损失率法、恢复费用法以及机会成本法从大气污染、水环境污染、固体废弃物污染和土地、植被破坏损失四个方面对陕北地区能源开发的生态环境损失进行了估算。李国平等（2006）认为生态环境损失的计算，可以从环境质量产生的损益和预防环境恶化的费用两个角度来评价计算，计算方法包括人力资本法、市场价值法、防护费用法、恢复费用法、影子工程法和机会成本法，综合运用市场价值法、人力资本法和防护费用法对陕北地区煤炭资源开采过程中的生态环境损失进行了价值评估。周新年等（2010）定量分析天然次生林五种不同强度采伐作业十年后的经济和生态效益评价值。李丽英等（2010）提出了我国东南部煤矿区生态损耗价值量的测算方法，并应用于东南部生产煤矿和已报废、即将报废煤矿的生态补偿标准测算，结果表明该方法能够很好地体现生态环境资源的价值，并将生态环境的经济外部性进行内部化，为东南部煤矿区建立生态补偿机制提供了参考依据。水污染造成的环境经济损失估算方法主要有分类计算法、“损失－浓度曲线法”和水资源价值损失法等（陈莹等，2011；贾景梅，2010；欧阳峰等，2006）。李珏茹（2012）采用常用的水污染经济损失基本评估法——分解求和方法及其具体模型以及水污染经济损失的计量程序，根据相关数据分别计算了邹城市北宿镇 2010 年农村水污染对当地农业、畜牧业、渔业和人类健康带来的损失。刘长礼等（2006）利用“浓度－价值损失率法”评估石家庄滹沱河地下水污染造成的损失。

另外，部分学者基于边际机会成本理论，构建了由边际生产者成本、边际使用成本以及边际环境成本的森林环境资源定价模型和可再生能源环境价值模型（戴小廷和杨建州，2013）。也有相关文献对地方矿产资源开发环境代价进行分析（洪富艳和刘岩，2013；廖合群和金姝兰，2013；李闽和杨耀红，2013）。前几年，稀土矿开采成本的研究逐渐成为研究热点，稀土完全成本不仅包括生产成本和期间费用、使用者成本，而且还包括外部环境成本（赖丹，2014；曾国华，2014；吴一丁，2014；邹国良，2012；杨芳英等，2013）。此外，还有一些文献从生命周期、作业成本法等视角研究环境成本（郭彦斌等，2010；张劲松，2011；宋子义，2011；田治威等，2011；郑丽凤，2010）。

#### 2.1.5.2 完全成本估算

在完全成本理论下，稀土企业的成本包括生产成本、期间费用、通用税费成本、资源成本和环境成本。其中，资源成本包括开采稀土资源的购置成本（包括采矿权价款、采矿权转让费用）和使用成本（主要包括矿产资源补偿费和资源税）。环境成本主要包括森林植被恢复费、水土保持费、排污费、矿山环境恢复治理保证金（赖丹，2014）。

利用稀土资源成本估算我国稀土资源成本主要包括矿产资源补偿费和资源税，分别反映了稀土资源的绝对地租和级差地租，南方离子型稀土矿开采所导致的环境问题包括三类：一是地形地貌景观破坏；二是矿山地质灾害及隐患；三是含水层破坏。环境成本项目是根据环境破坏类型加以划分，数据测算则是依据《第一次全国污染源普查工业污染源产排污系数手册（第一分册）》和《排污费征收标准管理办法》相关规定以及实地调研数据。稀土氧化物的环境成本估算如表 2－6 所示。

**表 2-6　　生产单位稀土氧化物的环境成本估算**

| 项目 | | 排污量或破坏面积 | 征收标准或污染当量数 | 费用（元） |
|---|---|---|---|---|
| 排污费 | 工业废水量 | 750 吨 | 1.68 元/吨 | 1260 |
| | 化学需氧量 | 98250 克 | 98.25 当量 | 68.78 |
| | 氨氮 | 913 克 | 1.14 当量 | 0.80 |
| | 小计 | — | — | 1329.58 |
| 森林植被恢复费 | | 200 平方米 | 41.23 元/平方米 | 8246.71 |
| 土壤污染治理费 | | 300 平方米 | 34.13 元/平方米 | 10238.42 |
| 水土保持费 | | 200 立方米 | 9.30 元/立方米 | 18577.86 |
| 合计 | | — | — | 38392.57 |

资料来源：根据赖丹（2014）文献整理而得。

实际上，环境成本包括的项目很多，其中主要的一项是排污费，目前实收标准和制定的收费标准之间有很大的差异，两者之差就是未计入的环境成本。以包钢为例，如果按照国家排污收费标准计算，每吨稀土氧化物的环境成本为 2673 元，这只是国家减免的部分，企业应计的环境成本即 5347 元减去已上缴的金额（吴一丁，2014）。

从完全成本计算方法来看，环境成本是按照每生产 1 吨稀土氧化物的量为计算依据。然而，对于某一矿山来说，由于资源储量比较难以估算，此外，溶浸液渗漏量以目前的计算完成成本的方法也存在明显不足，因此，稀土氧化物的量并不能真实反映出其资源损失以及废水排放量。总之，环境成本已成为矿产资源开采成本中的重要组成部分，本书研究的离子型稀土开采决策模型将紧紧围绕环境成本及完全成本进行相关计算，以使决策模型更加科学合理。

相关成本估算主要包括环境成本估算和完全成本估算，其中，环境成本估算涉及人体健康损失估算，尽管有很多估算矿产资源开发造成的人体健康损失估算模型，但是，这类模型均须以大量历史数据为前提，且即便人体健康损失能够估算，但因其难以标准化，所以很难作为一项政策进行推广。因此，考虑到纠正市场失灵的排放标准与排放费的方法，可转换研究视角，回避环境成本中人体健康损失的复杂估算，从控制污染排放量的角度估算污染排放防治成本，通过将污染排放量控制在行业及环保部门规定的污染直接排放限制内，从而解决离子型稀土矿开采的环境成本估算问题。

此外，现有文献对完全成本估算进行了研究，但是，从政策制定者角度来看，还没有文献从国民经济评价的方面考虑资源开发的外部性，即系统考虑森林生态系统服务功能价值补偿、森林植被恢复费、水土流失防治费及母液渗漏防治费或造成的环境治理费用等各项费用流出，从国民经济评价角度研究离子型稀土矿开采工艺和开采时机的文献也几乎没有。

### 2.1.6 投资决策方法

根据决策采用的分析方法，一般将决策方法分成定性方法、定量方法及定性和定量相结合的决策方法。其中，定性决策常用的方法包括头脑风暴法、德尔菲法等；定量决策方法则视问题所属的类型而定，一般将决策问题分为确定性（型）决策、不确定性（型）决策以及风险型决策等三类。本书主要涉及确定性决策和不确定性决策相关方法。

#### 2.1.6.1 不确定性决策方法

相关本书的不确定性决策方法主要包括云模型和实物期权。

（1）云模型。

不确定性问题广泛存在于经济社会发展等各方面，在众多的不确定性中，随机性和模糊性是最基本的。概率论和模糊集理论从不同角度研究了概念的不确定性问题。概率论重在研究概念外延的随机性，没有触及模糊性；模糊集理论用隶属函数来描述概念外延亦此亦彼的程度，但没有考虑随机性。针对概率论和模糊数学在处理不确定性方面的不足，1995年我国工程院院士李德毅在概率论和模糊数学的基础上提出了云的概念，并研究了模糊性和随机性及两者之间的关联性（李德毅，2005）。自李德毅等人提出云模型至今，其已成功的应用到自然语言处理、数据挖掘、决策分析、智能控制、图像处理等众多领域（叶琼等，2011）。

云模型经常与AHP或物元理论结合使用（孟天祥，2013；夏非等，2012），也逐渐应用各领域的风险评价或方案选择中（朱曼等，2013；张秋文等，2014）。然而，云模型在被广泛应用的同时，也得到不断改进，尤其在实现稳定双向认知映射的逆向云变换算法方面更加稳定可靠。

云模型具有解决不确定性问题所需的模糊性和随机性特点，而离子型稀土矿资源储量和矿床底板发育程度均具有不确定性的特点，如果采用常用的小中取大法或最小最大后悔值法等则不容易计算不同生产工艺方案的损益值，因此，可将云模型运用于不确定性离子型稀土矿生产工艺的选择中。

（2）实物期权。

实物期权经常被运用于油气开采决策（王化增，2010）、不确定条件下矿业投资项目评价（郑明贵，2011；张凌，2013）以及矿业投资时机决策（陈海燕等，2011；黄生权和陈晓红，2006）等方面。

#### 2.1.6.2 确定性决策方法

从项目评价角度，对于单个方案或多方案进行经济评价的方法主要有净现值法、内部收益率法、投资回收期法、年费用法以及净现值率法等。

（1）净现值法。

净现值是一项投资所产生的未来现金流的折现值与项目投资成本之间的差值。净现值法是利用净现金效益量的总现值与净现金投资量算出净现值，然后根据净现值的大小来评价投资方案。净现值为正值，投资方案是可以接受的；净现值是负值，投资方案就是不可接受的。净现值越大，投资方案越好。净现值法是一种比较科学也比较简便的投资方案评价方法

（黎昌贵，2013）。净现值法是将每年现金流入和现金流出以一定折现率（$r$）折算到项目计算期初的方法，计算公式如下：

$$NPV = -I_0 + \frac{(CI_1 - CO_1)}{(1+r)^1} + \frac{(CI_2 - CO_2)}{(1+r)^2} + \cdots + \frac{(CI_n - CO_n)}{(1+r)^n}$$
$$= -I_0 + \sum_{i=1}^{n} \frac{(CI_i - CO_i)}{(1+r)^i} \quad (2-1)$$

其中，$NPV$ 表示净现值；$I_0$ 表示项目建设初期投资；$CI_t$ 表示第 $t$ 年的现金流入量；$CO_t$ 表示第 $t$ 年的现金流出量；$r$ 表示折现率；$n$ 表示投资项目的寿命周期。

净现值法所依据的原理是：假设预计的现金流入在年末肯定可以实现，并把原始投资看成按预定贴现率借入的，当净现值为正数时偿还本息后该项目仍有剩余的收益，当净现值为零时偿还本息后一无所获，当净现值为负数时该项目收益不足以偿还本息。净现值法具有广泛的适用性，净现值法应用的主要问题是如何确定贴现率。该方法的缺点是当项目投资额不等时，无法准确判断方案的优劣，不能用于独立方案之间的比较。

净现值法已越来越多地被运用到考虑环境成本的项目评价中（陈雯，2012；赖丹，2013）。由于对矿山开采决策需要考虑成本和收益以及时间价值，因此，考虑了环境成本的净现值法用于矿山开采项目的投资决策中更具科学性和合理性。

对企业而言，环境成本包括内部环境成本和外部环境成本，其中内部环境成本包括环境设备购置、环境治理、环境破坏赔偿费，以及排污费等，外部环境成本包括因企业生产经营活动造成的社会成本（陈雯，2012）。为了提高投资项目经济评价标准的统一性，将环境成本内部化（邵良杉，2012），纳入企业投资项目经济评价中。在常见的净现值法、内部收益率法以及投资回收期法等项目经济评价方法中，由于本书拟在评价不同生产工艺的同时，为国家征收环境税费以及矿山开采企业投资或开采决策提供依据，因此，本书采用考虑了环境成本的净现值法。

（2）生态净现值法。

目前，比较常见的考虑了环境成本的投资项目经济评价模型有生态净现值法、项目总成本现值。

$$
\begin{aligned}
\text{生态净现值} &= \text{营业收益净现值} + \text{环境收益净现值} \\
&= \sum_{t=0}^{n} (\text{经营现金流入} - \text{经营现金流出})(1+R)^{-t} \\
&\quad + \sum_{t=0}^{n} (\text{环境现金流入} - \text{环境现金流出})(1+r)^{-t}
\end{aligned}
\tag{2-2}
$$

其中，$R$ 表示项目生产经营现金流量的贴现率；$r$ 表示环境收支贴现率；$n$ 表示项目的有效期；$t$ 表示年限（$t=0, 1, 2, \cdots, n$）。

该评价模型在项目方案评价法则为：当生态净现值 >0，营业收益净现值 >0，且环境收益净现值 >0 时，则方案可行。当生态净现值 >0，营业收益净现值 >0，但环境收益净现值 <0 时，面临两种选择：一是从社会效益而言，因环境收益净现值 <0，因此应放弃方案；二是政府采取有关补贴、税收优惠等方式，仍然选择该方案。

此外，还有学者提出了经济生态净现值的方案评价方法，具体如下：

$$
\begin{cases}
\text{经济净现值} = \sum_{t=0}^{n} (\text{效益} - \text{费用})/(1+i)^{t} \\
\text{生态经济净现值} = \sum_{t=0}^{n} (\text{效益} - \text{费用} - \sum L_i + \sum J_i)/(1+eer)^{t}
\end{cases}
\tag{2-3}
$$

从而有：

$$
\sum_{t=0}^{n} (\text{效益} - \text{费用} - \sum L_i + \sum J_i)/(1+EEIRR)^{-t} = 0 \tag{2-4}
$$

其中，$eer$ 表示生态经济折现率；$n$ 表示投资项目寿命年限；$L_i$ 表示由于投资项目的建设、营运使生态环境破坏而形成的各种损失；$J_i$ 表示由于投资项目建设、营运中的生态环境建设而给社会带来的各种利益；$EEIRR$ 表示生态经济内部收益率。

（3）项目总成本现值。

通过对环境成本的估算量化，并纳入建设项目的成本，就得到了建设项目总成本。总成本包括传统意义上的项目经济成本和外部环境成本，在项目经济评价时可以把环境成本进行折现。项目总成本现值，记作 $GPC$。计算公式如下：

$$GPC = (I + V + D + EC)(1 + r)^{-t} \quad (2-5)$$

其中，$GPC$ 表示总成本现值；$I$ 表示项目的固定资产和流动资产投资；$V$ 表示工资及相关费用；$D$ 表示除工资外的企业经营费用；$EC$ 表示项目的环境成本；$r$ 表示当期利率；$t$ 表示计算年。

（4）净现值率法。

净现值率（net present value rate，NPVR）是指项目净现值与原始投资现值的比率。该方法是作为一种动态投资收益指标用于衡量不同投资方案的获利能力大小，反映某项目单位投资现值所能实现的净现值大小。净现值率越小，单位投资的收益就越低，净现值率越大，单位投资的收益就越高。

净现值与投资现值的比率，记作 $NPVR$。计算公式如下：

$$NPVR = \frac{NPV}{I_p} \quad (2-6)$$

其中，$NPV$ 表示项目净现值；$I_p$ 表示全部投资的现值。

净现值率法评判依据为：当对单个项目评价时，若单个项目净现值≥0，则方案可行，否则方案不可行；当对互拆性多方案比较，选择净现值率最大的方案为最优方案。

当对项目进行国民经济评价时，往往采用经济净现值（率）法（林文俏，2014；李素芸，2011）。

$$ENPV = \sum_{t=0}^{n} (B - C)_t (1 + i_s)^{-t} \quad (2-7)$$

$$ENPVR = \frac{ENPV}{I_p} \quad (2-8)$$

其中，$B$ 表示国民经济效益流量；$C$ 表示国民经济费用流量；$(B - C)_t$ 表

示第 $t$ 年的国民经济净效益流量；$i_s$ 表示社会折现率；$ENPVR$ 表示经济净现值率，体现单位投资对国民经济贡献的相对指标；$I_p$ 表示项目总投资现值；$n$ 表示计算期。

然而，净现值率法受到了质疑（郭树声，2005；侯迎新，2009）。其中，傅家骥（1996）认为按照净现值率最大作为方案的判断准则，有利于投资规模偏小的方案，净现值率法仅适用于投资额相近的方案比选。陶树人（1999）认为无论资金是否有约束，净现值率法都不宜作为互斥方案的评选依据，但可以作为淘汰一些净现值率较低项目的初选依据。然而，中国国际工程咨询公司（2000）出版的《投资项目经济咨询评估指南》提出，当有明显的资金限制时，一般宜采用净现值指数法（净现值率法）。

从决策类别来看，可分为确定性决策、不确定性决策和风险型决策。本书涉及的决策类型为前面两种。

从确定性决策方法来看，比较常见的方法包括项目评价的净现值法、生态净现值法及净现值率法等。由于堆浸工艺、原地浸矿工艺的选择可视为同一项目的不同方案，而且在确定性条件下须考虑矿山开采全寿命周期内的时间价值，因此，离子型稀土矿开采工艺的选择可从净现值法和净现值率法中选择。尽管有观点认为净现值率法有其缺陷，但是，依据《投资项目经济咨询评估指南》提出“当有明显的资金限制时，一般宜采用净现值指数法（净现值率法）”以及考虑到资金的机会成本，本书以净现值法作为开采工艺选择的初选方法，在此基础上选择净现值率作为确定性条件下的决策方法。

从不确定性决策方法来看，矿业投资决策模型使用最多的是实物期权法，相关研究基于实物期权方法对矿业投资规模和时机决策进行了研究，然而，该方法是基于投资方的角度，如果从国民经济评价角度，则该方法不适用。由于云模型具有概率论和模糊集理论在解决不确定性问题所不具有的优点，尤其云模型具有解决不同人对同一问题的认知会逐步同一的优点，因此，本书选择云模型作为不确定条件下离子型稀土矿开采决策的基本模型。

### 2.1.7 系统的能观测性和能控性

基于现代控制理论的能观测性判据用于航空航天、矿山开采等诸多领域（邹国良，2020；李洪瑞，2020；花文华，2021），以及能控性判据应用于自动控制、汽车及工程水利等方面（曹少斌，2019；赵国涛，2021；解春雷，2021）。

### 2.1.8 “两山”理论与生态文明建设

孙永平（2019）从时间、空间和污染物三个维度，以及从环境经济学视角总结了习近平生态文明思想的主要内容和对环境经济学的理论贡献。杨莉等（2019）认为“两山”理论是习近平生态文明思想的重要组成部分，旨在寻求经济发展与生态保护协同并进，蕴含着丰富的战略、创新、辩证、历史、底线思维，最终实现以人民为中心的生态价值追求。黄锡生等（2019）对采伐许可管制强度与森林质量变化情况进行综合分析和案例分析，结果表明，采伐许可管制强度加强不仅不能有效促进森林建设，反而有明显的负效应。

张颖等（2020）提出生态文明建设要以系统工程思路来抓，强调永续建设，其思想着眼于未来，着眼于子孙后代，着眼于人类的生生不息。陈翠芳等（2019）认为在生态文明建设的多种矛盾中，经济利益与环境利益的矛盾是主要矛盾，但经济利益与环境利益并不必然而绝对地对立，如果利用科技来保护生态环境，自然资源的供给力还会增强。刘焕明（2019）认为生态文明下绿色技术的发展是不可逆和不可阻挡的必然趋势，生态文明的实践内在地要求变革现代技术的制度范式，技术与自然在本体上的相互作用过程应当是“技术思维→技术结构→技术评价体系→技术创新体系”的过程。

相关文献表明经济发展和生态环境保护不是绝对对立的关系，离子型稀土开采应基于系统和可持续的视角，从技术创新及绿色技术范式等角度寻求突破。由此可见，国内也几乎没有文献系统地比较堆浸和原地浸矿开采工艺，也未有相关离子型稀土矿开采工艺和开采时机决策的研究文献。

## 2.2 文献述评

邓振乡等（2019）建议优化浸取工艺、收液工艺以及开发新一代无铵浸取剂等。罗仙平等（2014）认为开发可替代硫酸铵及碳酸氢铵的高效、低污染的浸取剂和沉淀剂，以实现稀土短流程、高效低污染提取是原地浸矿离子型稀土矿开发技术的重要发展方向，此外，低品位难浸离子型稀土矿的回收工艺的研究也是实现离子型稀土矿可持续利用的未来研究方向。钟志刚等（2017）认为研发出以镁盐为代表的浸出剂是未来研发重点，但需解决镁盐浸出剂对土壤、水体等的环境影响问题。刘琦（2019）认为无铵浸取剂或研发经济有效的土壤脱铵工艺也将是当前研究热点。陈道贵（2019）通过柱浸流程实验，对比了柠檬酸铵、柠檬酸钠、氯化铝、氯化铁以及硫酸镁等无铵浸取剂的稀土浸出性能，认为氯化铁和氯化铝是相对较好的无铵浸取剂。发展动态体现在理论研究和生产实践前沿方面，主要为：

（1）理论研究热点。从现有的文献来看，相关研究热点主要有：第一，在现有“推广原地浸矿工艺”政策前提下，优化原地浸矿工艺。主要以研究无铵浸取剂代替有铵浸取剂为主，例如，以硫酸镁代替硫酸铵，以避免铵浓度过高带来的环境问题。但是，即便硫酸镁不会对地下水造成污染，但也会因矿床底板发育不完整而导致珍贵的离子型稀土资源渗漏。第二，突破现有淘汰堆浸工艺的政策限制，系统地对比堆浸与原地浸矿工艺。一方面，一些学者和生产实践者认为堆浸工艺和原地浸矿工艺各有优势，堆浸工艺在离子型稀土矿开采方面是否有优化的空间和应用前景？另一方面，如何科学系统地比较优化后的堆浸工艺和原地浸矿工艺？因此，系统地评价堆浸、原地浸矿工艺成为研究热点。

（2）生产实践前沿。从 2016 年开始，我国离子型稀土矿主产区有若干个县开展离子型稀土开采硫酸镁无铵环评现场试验，为环评变更（有铵到无铵溶浸剂）及生产复产做准备。目前，生态环保部还没有出台离子型稀土矿硫酸镁溶浸开采排放标准，环评试验参照波兰三类地下水镁离子浓度 100 毫克/升、硫酸根离子 800 毫克/升的标准，从现有试验数据来看，废水排放镁离子浓度为 20 毫克/升，而硫酸根离子浓度高达 2000 毫克/升，降低硫酸根离子浓度将是试验的方向。

综上所述，相关文献对离子型稀土开采堆浸、原地浸矿工艺原理、生态环境影响及生态修复、资源储量计算、环境代价等方面做了一系列研究，但是，几乎没有文献对离子型稀土矿开采政策效果进行评估或深入探究离子型稀土矿开采负外部性的形成机理，也很少有文献对离子型稀土矿开采工艺进行系统、科学地评价并提出相关优化建议，而这已经正成为本领域的研究趋势。

本章主要对离子型稀土矿成因、离子型稀土矿生产工艺、矿产资源开发的生态资源补偿、矿山开采对生态系统的影响、相关成本估算以及投资决策方法等方面相关文献进行了回顾和述评。现有文献围绕离子型稀土矿开采相关问题进行了研究，为决策奠定了理论基础。然而，通过文献研究发现，还没有文献将森林生态系统服务功能价值补偿列入环境成本，农作物损失、废水治理费及人体健康损失等污染损失的估算主要基于“事后控制”的视角，而没有文献从“事前控制”角度分析离子型稀土原地浸矿开采的母液渗漏防治。此外，也没有文献从国民经济评价、离子型稀土矿开采全寿命后期及矿山开采条件的确定性与否角度研究矿山开采的工艺选择以及开采时机问题。

# 第3章
# 离子型稀土矿开采对资源环境的影响分析

## 3.1 离子型稀土矿开采工艺原理

离子型稀土矿开采经历了池浸、堆浸及原地浸矿等三种工艺阶段，其中池浸与堆浸工艺原理基本相同，堆浸工艺已取代池浸工艺。为了更好地比较堆浸、原地浸矿工艺，需要从其开采工艺原理方面进行分析。

### 3.1.1 离子型稀土矿浸取原理

#### 3.1.1.1 离子型稀土矿浸取化学反应方程

无论是采用堆浸工艺还是原地浸矿工艺，风林壳淋积型稀土矿浸取本质上是黏土和溶液中的离子交换反应。化学反应方程式（池汝安，2006）如下：

$$\{Al_4[Si_4O_{10}](OH)_8\}_m^{3-} \cdot 3nNH_{4(s)}^+ + nRE^{3+} \rightleftharpoons \{Al_4[Si_4O_{10}](OH)_8\}_m^{3-} \cdot nRE_{(s)}^{3+} + 3nNH_{4(aq)}^+ \quad (3-1)$$

其中，$s$ 表示固相，$aq$ 表示水相。

从方程（3-1）可以看出，风林壳淋积型稀土矿浸取过程实际上是浸取剂（$NH^{4+}$）与黏土矿物的稀土离子发生交换反应，交换出可溶性稀土离子（$RE^{3+}$）的过程。

#### 3.1.1.2 离子型稀土矿杂质浸取过程

离子型稀土矿含有离子相稀土和离子相金属杂质，其中，离子相金属杂质随稀土一起被浸出，其化学反应方程（池汝安，2006）为：

$$[Al_4(Si_4O_{10})(OH)_8]_m \cdot M_{(s)}^{n+} + nNH_{4(aq)}^{+} \rightleftharpoons [Al_4(Si_4O_{10})(OH)_8]_m \cdot n(NH_4^{+})_{(s)} + M_{(aq)}^{N+} \tag{3-2}$$

其中，M表示杂质离子，如$Fe^{3+}$、$Fe^{2+}$、$Ca^{2+}$、$Al^{3+}$、$K^{+}$、$Mg^{2+}$、$Na^{+}$等离子，$n$表示杂质离子的价态。

### 3.1.2 堆浸开采工艺原理

堆浸工艺基本原理为：首先，砍伐离子型稀土矿山地表植被；其次，将矿体表土剥离；最后，将露天开采得到的矿石放入人造堆浸池（场）中，通常采用硫酸铵溶液作为浸取剂，得到富含稀土离子的母液，再用草酸或碳酸氢铵作为沉淀剂将稀土离子从浸矿母液中沉淀出来，得到晶形碳酸稀土或草酸稀土。堆浸开采工艺基本流程，如图3-1所示。

### 3.1.3 原地浸矿工艺原理

原地浸矿工艺较少破坏矿体地表植被，基本不剥离表土，直接在采场布置注液孔（井）和集液巷道、集液沟等，通过注入硫酸铵浸取剂，从集液沟内收集稀土母液，最后用草酸或碳酸氢铵沉淀。原地浸矿工艺基本流程，如图3-2所示。

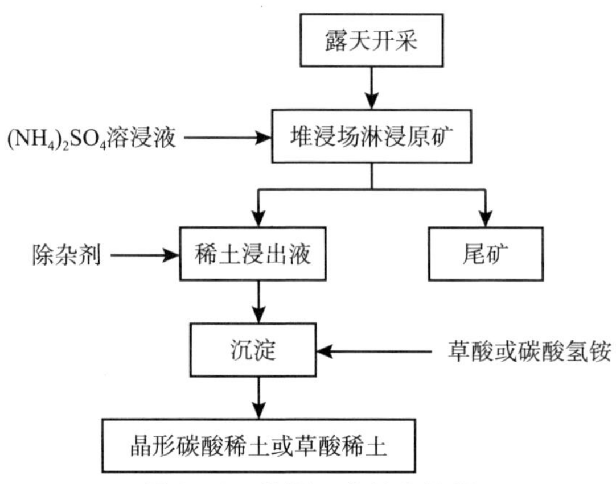


**图 3－1　堆浸工艺基本流程**

注：晶形碳酸稀土（或草酸稀土）属稀土水化物，须灼烧才能得到混合稀土氧化物。
资料来源：根据池汝安（2006）文献资料整理而得。

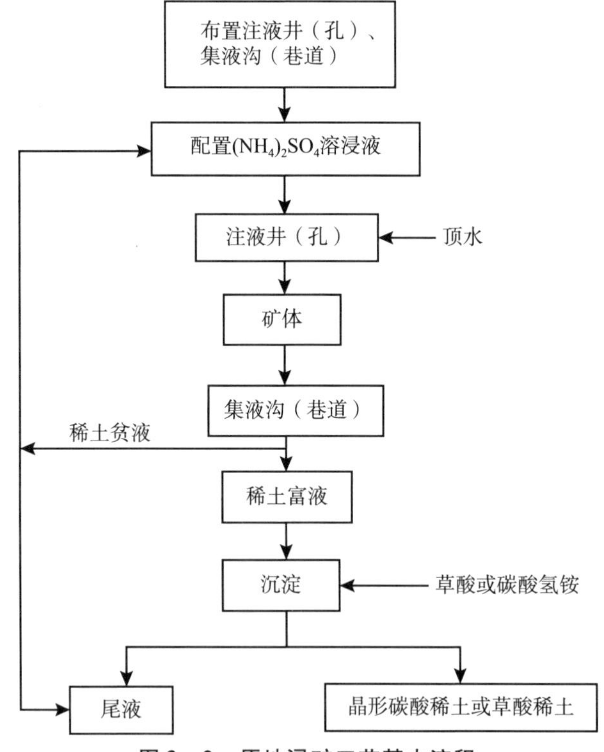


**图 3－2　原地浸矿工艺基本流程**

资料来源：根据池汝安（2006）文献资料整理而得。

### 3.1.4 堆浸、原地浸矿开采工艺特点比较

堆浸、原地浸矿开采工艺各有其优缺点，其异同如表3-1所示。

**表3-1　　风化淋积型稀土矿堆浸、原地浸矿原理及特点**

| 开采工艺 | 原理 | 优点 | 缺点 |
| --- | --- | --- | --- |
| 堆浸 | 首先，建设堆浸场，做好母液防渗工作；其次，露天采掘矿石，运输至堆浸场；再次，一般使用硫酸铵作溶浸液，从矿石堆顶部淋洗，并收集母液；最后，对稀土母液进行沉淀、灼烧，得到稀土混合氧化物 | ①稀土采选回收率理论上可达到较高程度<br>②实现了大规模的生产，较池浸工艺过程有较大的产能 | ①采用机械化作业，对地表植被的破坏很严重<br>②容易产生大量尾砂，防治不当容易造成水土流失<br>③工艺产生的废水含氨氮及重金属等，处理不当将严重污染饮用水和农田灌溉用水<br>④可能造成泥石流或滑坡<br>⑤对溶浸池（场）有防渗要求，造价相对较高<br>⑥须注意堆浸池防洪排水<br>⑦对于较低品位（小于0.04%）的稀土一般不予回收，易造成资源浪费 |
| 原地浸矿 | 较少破坏矿体地表植被，剥离表土，将溶浸液通过注液孔注入矿体，从而将吸附在黏土矿物表面的稀土离子交换解析后形成稀土母液，流出矿体，进入集液沟内，然后收集母液提取稀土 | ①不开挖山体，对矿体地表植被破坏小<br>②几乎不产生尾矿砂 | ①技术要求较高<br>②对矿石性质和围岩条件要求非常严格，适用范围小<br>③容易因矿床底板基岩发育不完整造成溶浸液渗漏，从而造成资源漏损和地下水受污染<br>④可能造成山体滑坡 |

资料来源：根据邹国良（2012）文献资料整理而得。

#### 3.1.4.1 相同点

（1）均会造成一定的离子型稀土矿山地表植被破坏。堆浸工艺常常被称为“搬山运动”，几乎完全破坏地表植被。但是，采用原地浸矿工艺也会因布置注液-收液工程造成20%左右的矿山地表破坏（邹国良，2012）。

（2）选矿方法相同。这两种开采工艺均是采用化学选矿方法，采用硫酸铵溶浸原矿，然后用草酸或碳酸氢铵沉淀、除杂。

#### 3.1.4.2 不同点

（1）工艺流程不同。堆浸开采工艺为露天开采，采选分离；原地浸矿开采工艺采选合一。堆浸工艺的典型特征是造成矿山地形地貌的显著变化，然而，原地浸矿工艺基本不会改变地形地貌。

（2）开采条件要求不同。堆浸工艺对堆浸场地的大小和地形有要求，而原地浸矿工艺要求矿床底板基岩发育程度要求较高。堆浸一般为规模化生产，需要较大场地，此外，对地形也有一定要求，以防止尾矿堆滑坡；原地浸矿工艺对矿床底板基岩完整度要求较高，此外，矿山开采期间一般要避开雨季，以避免雨水对溶浸浓度的影响。

（3）技术要求不同。离子型稀土赋存浅，堆浸生产工艺过程为露天开采和淋浸，淋浸的时间和浓度等很重要，原地浸矿布置注液孔和集（收）液系统很关键。因此，不同开采工艺其技术要求不同。

（4）对明确资源储量的作用不同。采用堆浸生产工艺采后根据资源回收率能比较准确地反演资源工业储量，而稀土赋存地下的未知性及残留在矿体中稀土的不确定性决定了采用原地浸矿生产工艺采后很难反演资源工业储量。

## 3.2 堆浸、原地浸矿工艺造成的资源影响比较分析

堆浸、原地浸矿对资源影响的差异主要体现在开采过程中造成的资源损失方面，包括资源损失的方式、资源损失的类型及资源损失可控性的不同，具体如表 3 – 2 所示。

**表 3 – 2　　离子型稀土矿堆浸、原地浸矿工艺造成的资源损失比较**

| 生产工艺 | 资源损失的方式 | 资源损失的类型 | 资源损失的可控性 |
| --- | --- | --- | --- |
| 堆浸 | 开采环节资源残留在矿体中的资源损失 | 暂时性损失 | 容易控制 |
| | 未浸出、残留在尾矿堆中的资源损失 | 暂时性损失 | 容易控制 |
| 原地浸矿 | 因矿床底板发育不良或人造底板的局限性造成的资源渗漏损失 | 永久性损失 | 很难控制 |
| | 未浸出、残留在矿体中的资源损失 | 暂时性损失 | 很难控制 |

资料来源：根据邹国良（2014）文献资料整理而得。

## 3.2.1　资源损失方式的不同

堆浸工艺造成的资源损失方式包括未被开采及残留在尾矿中的资源损失；原地浸矿生产工艺造成的资源损失主要来自因矿床底板发育不良或人造底板的局限性造成的资源渗漏及浸矿盲区的资源残留矿体造成的资源损失。

## 3.2.2　资源损失类型的差异

### 3.2.2.1　概念的界定

资源的暂时性损失指目前损失了的、在未来可通过适当方式加以开采或回收的资源损失；资源的永久性损失指目前损失了的、在未来无法回收的资源损失。

### 3.2.2.2　堆浸工艺的资源损失类型

从资源损失的方式来看，离子型稀土矿山采用堆浸生产工艺造成的资源损失类型为资源的暂时性损失，这种残留在矿体和尾矿中的暂时性损失资源今后可通过回采和二次回收利用加以挽回。

#### 3.2.2.3 原地浸矿工艺的资源损失类型

离子型稀土矿山采用原地浸矿生产工艺造成的资源损失类型包括资源的暂时性损失和资源的永久性损失两种。其中，因矿床底板发育不良或人造底板的局限性造成的资源渗漏损失为永久性资源损失，资源渗漏地下后将无法回收；采用原地浸矿工艺开采仍然会存在未浸出、残留在矿体中的资源，该资源损失称为暂时性资源损失。

### 3.2.3 资源损失的能控性

#### 3.2.3.1 概念的界定

资源损失的能控性指人们通过适当方式控制资源损失或资源损失后回收资源的控制性程度。

#### 3.2.3.2 堆浸生产工艺的资源损失能控性

采用堆浸生产工艺造成的露天开采资源残留矿体的损失和堆浸环节资源残留尾矿堆的资源损失均容易分别采用提高剥采比和充分淋浸的方式控制资源损失，而且容易操作，资源损失属于容易控制类型。

#### 3.2.3.3 原地浸矿生产工艺的资源损失能控性

采用原地浸矿工艺往往会因矿床底板发育不完整或者人造底板的局限性造成的资源渗漏地下后将难以回收利用，而且控制渗漏损失的措施也很有限。此外，对于未残留在矿体或未浸出的暂时性资源损失也较难控制，原因在于：一方面，由于离子型稀土矿床的赋存特点以及现有探矿手段具有一定局限性，离子型稀土矿山地质储量和工业储量不容易估算准确，常常造成采用原地浸矿工艺条件下矿山采选综合回收率高于100%的现象，由此也很难知道未浸出而残留在矿体中的那部分暂时性损失程度；另一方面，采用原地浸矿工艺容易产生“管涌”现象，由于矿床分布的不均匀性，在浸矿过程中会形成逐渐明显的渗流通道，从而导致一部分区域溶浸不充分，致使资源残留矿体，而这部分暂时性资源损失尽管可以通过加密注液井的布置以减少损失，但是仍然难以计算残留在矿体中的资源量。此外，尽管有学者提出使用替代溶浸剂，如用氯化镁替代硫酸铵以减少氨氮废水污染，然而，即便减少了地下水污染，但是仍会造成资源渗漏损失。因此，采用原地浸矿工艺造成的资源永久性损失和资源暂时性损失均属于很难控制类型。

## 3.3 堆浸、原地浸矿开采工艺造成的环境影响比较分析

堆浸、原地浸矿开采工艺对环境影响的差别主要体现在生产过程中造成的生态环境破坏方面，包括生态环境破坏的方式、生态环境破坏的类型及生态环境破坏可控性的差异，具体如表 3－3 所示。

**表 3－3　离子型稀土矿堆浸、原地浸矿工艺造成的生态环境破坏比较**

<table>
<tr><th>生产工艺</th><th colspan="2">环境破坏的方式</th><th>环境破坏类型</th><th>破坏的可控性</th></tr>
<tr><td rowspan="4">堆浸</td><td colspan="2">（1）植被破坏</td><td rowspan="4">显性破坏</td><td rowspan="4">容易控制</td></tr>
<tr><td colspan="2">（2）水土流失</td></tr>
<tr><td colspan="2">（3）水土污染</td></tr>
<tr><td colspan="2">（4）尾矿堆滑坡</td></tr>
<tr><td rowspan="4">原地浸矿</td><td colspan="2">（1）植被破坏</td><td>显性破坏</td><td>容易控制</td></tr>
<tr><td rowspan="2">（2）采场滑坡</td><td>生产中</td><td>显性破坏</td><td>容易控制</td></tr>
<tr><td>开采后</td><td>显性破坏</td><td>很难控制</td></tr>
<tr><td colspan="2">（3）地下水污染</td><td>隐性破坏</td><td>较难控制</td></tr>
</table>

资料来源：根据邹国良（2014）文献资料整理而得。

### 3.3.1 生态环境破坏的方式

堆浸工艺造成的生态环境破坏方式包括露天开采造成的植被破坏、采场植被破坏后生态未及时恢复造成的水土流失、尾矿堆滑坡、尾矿堆和堆浸的溶浸液泄漏造成的水土污染等方面；原地浸矿工艺造成的生态环境破坏主要来自注液孔（井）布置造成的植被破坏、采场滑坡塌陷以及溶浸液渗漏地下造成的地下水污染等方面。

### 3.3.2 生态环境破坏类型

#### 3.3.2.1 概念的界定

生态环境的显性破坏指人们容易通过表象观察到的破坏，如植被破坏、水土流失、水土污染和滑坡等；生态环境的隐性破坏指破坏表征不明显的破坏，如地下水污染。

#### 3.3.2.2 堆浸工艺的生态环境破坏类型

从生态环境破坏的方式来看，离子型稀土矿山采用堆浸工艺造成的生态环境破坏类型为显性破坏，这种类型的破坏现象比较直观，容易识别。例如，离子型稀土矿山露天开采造成的植被破坏、水土流失、水土污染及尾矿堆滑坡等。

#### 3.3.2.3 原地浸矿工艺的生态环境破坏类型

离子型稀土矿山采用原地浸矿工艺造成的生态环境破坏类型既有显性破坏，也有隐性破坏。其中，原地浸矿开采布置注液井造成的植被破坏和滑坡属显性破坏；开采中的采场滑坡属显性破坏；采后的采场滑坡现象不易觉察，属隐性破坏；溶浸液渗漏地下造成的水土污染属隐性破坏。

### 3.3.3 生态环境破坏的能控性

生态环境破坏的能控性指生态环境破坏的范围和程度以及破坏后的可修复或可治理程度。离子型稀土开发无论采用何种资源浸取工艺都会对资源、生态环境造成不同程度的影响，但是其外部性表现形式及其能控性会有一定差异。

#### 3.3.3.1 能控矩阵判据（秩判据）

线性定常系统的状态方程为：

$$\dot{x} = Ax(t) + Bu(t) \tag{3-3}$$

对于给定系统一个初始状态 $x(t_0)$，如果在 $t_1 > t_0$ 有限时间区间 $[t_0, t_1]$ 内，存在容许控制 $u(t)$，使得 $x(t_1)=0$，则称系统状态在 $t_0$ 时刻是能控的；如果系统对任意一个初始状态都能控，则称系统是状态完全能控的（丁锋，2018）。

**定理 1**：$\dot{x} = A(x)(t) + Bu(t)$ 为完全能控的充分必要条件是能控判别矩阵 $S=[B \quad AB \quad \cdots \quad A^{n-1}B]$ 的秩为 $n$，即 $\mathrm{rank}(S)=\mathrm{rank}[B \quad AB \quad \cdots \quad A^{n-1}B]=n$。

此外，能控性判据还包括 PBH 判据、标准型能控性判据以及格拉姆矩阵判据等（王宏华，2018）。

#### 3.3.3.2 原地浸矿工艺下的负外部性能控性

将离子型稀土资源开发简化为线性系统，基于能控性定义，对原地浸矿、堆浸工艺条件下的离子型稀土矿开采负外部性的能控性做初步分析，并将负外部性可控程度划分为容易、一般、较难、很难等四个等级。其中，离子型稀土矿原地浸矿工艺开采的负外部性及其能控性分析如表 3-4 所示。

**表 3－4　　离子型稀土矿原地浸矿工艺开采的负外部性及其能控性分析**

| 序号 | 负外部性表现形式 | 存在 $u(t)$，使得 $x(t_1)=0$ 的难易度 |
| --- | --- | --- |
| 1 | 地表植被破坏 | 容易 |
| 2 | 土壤污染 | 较难 |
| 3 | 地下、地表水污染 | 较难 |
| 4 | 资源渗漏 | 很难 |
| 5 | 采场滑坡 | 较难 |

资料来源：根据邹国良（2020）文献资料整理而得。

原地浸矿开采布置注液井一般会造成20%左右的植被破坏，但容易自我修复，因此植被破坏属于容易控制类型。开采中的采场滑坡可通过控制注液速度、注液强度以及加强监测等措施减少滑坡现象的发生，因此，开采中的滑坡属容易控制型。但是，采后的采场滑坡成因较复杂，属较难控制类型。此外，地下水污染较难控制，更为重要的是母液渗漏地下后极难治理，因此，地下水污染总体属于较难控制类型。

### 3.3.3.3　堆浸工艺下的负外部性能控性

离子型稀土矿山“搬山式”露天开采会造成植被的完全破坏，但是破坏后可进行生态恢复，如果生态恢复及时并防治得当，水土流失也可得到有效控制。堆浸产生的溶浸液以及尾矿堆废液泄漏也可通过采取适当措施加以解决，从而避免水土污染。此外，尾矿堆滑坡现象也容易控制，尾矿堆可通过资源回收利用、国土整治以及作为建筑材料加以利用。因此，堆浸工艺造成的生态环境显性破坏属于容易控制类型。离子型稀土矿堆浸工艺开采的负外部性及其能控性分析如表 3－5 所示。

**表 3－5　　离子型稀土矿堆浸工艺开采的负外部性及其能控性分析**

| 序号 | 负外部性表现形式 | 存在 $u(t)$，使得 $x(t_1)=0$ 的难易度 |
| --- | --- | --- |
| 1 | 地表植被破坏 | 较难 |

续表

| 序号 | 负外部性表现形式 | 存在 $u(t)$，使得 $x(t_1)=0$ 的难易度 |
| --- | --- | --- |
| 2 | 水土流失 | 较难 |
| 3 | 采场荒漠化 | 一般 |
| 4 | 土壤污染 | 一般 |
| 5 | 地表水污染 | 一般 |
| 6 | 资源损失 | 一般 |
| 7 | 堆场滑坡 | 一般 |

资料来源：根据邹国良（2020）文献资料整理而得。

通过以上分析，可初步看出离子型稀土矿原地浸矿开采负外部性的能控性会难于采用堆浸工艺。

## 3.3.4 负外部性的能观测性

不同开采工艺条件下，离子型稀土资源开发负外部性的能观测性表现形式不尽相同。

### 3.3.4.1 能观测性矩阵判据（秩判据）

线性定常系统的状态方程为：

$$\begin{cases} \dot{x} = Ax(t) + Bu(t) \\ y = Cx(t) \end{cases} \tag{3-4}$$

如果在有限时间区间 $[t_0, t_1](t_1 > t_0)$ 内，通过观测 $y(t)$，能够唯一地确定系统的初始状态 $x(t_0)$，称系统状态在 $t_0$ 是能观测的；如果对任意的初始状态都能观测，则称系统是状态完全能观测的（丁锋，2018）。

**定理 2**：系统 $\begin{cases} \dot{x} = Ax(t) + Bu(t) \\ y = Cx(t) \end{cases}$ 为状态完全可观测的充分必要条件是

其能观测性判别矩阵：$Q=\begin{bmatrix} C \\ CA \\ \vdots \\ CA^{n-1} \end{bmatrix}$是满秩，即 $\mathrm{rank}(Q)=n$。

同理，能观测性判据还包括 PBH 判据、标准型能观测性判据以及格拉姆矩阵判据等。

3.3.4.2 不同浸取工艺下的负外部性的能观测性

基于能观测性定义，对原地浸矿、堆浸工艺条件下的离子型稀土矿开采负外部性的能观测性做初步分析，并将能观测性程度划分为容易、一般、较难、很难等四个等级。其中，离子型稀土矿原地浸矿工艺开采的负外部性及其能观测性分析如表 3 -6 所示。

**表 3 -6　离子型稀土矿原地浸矿工艺开采的负外部性及其能观测性分析**

| 序号 | 负外部性表现形式 | 系统状态在 $t_0$ 时能观测的难易度 |
|---|---|---|
| 1 | 地表植被破坏 | 容易 |
| 2 | 土壤污染 | 较难 |
| 3 | 地下、地表水污染 | 较难 |
| 4 | 资源渗漏 | 很难 |
| 5 | 采场滑坡 | 容易 |

资料来源：根据邹国良（2020）文献资料整理而得。

离子型稀土矿堆浸工艺开采的负外部性及其能观测性分析如表 3 -7 所示。

**表 3 -7　离子型稀土矿堆浸工艺开采的负外部性及其能观测性分析**

| 序号 | 负外部性表现形式 | 系统状态在 $t_0$ 时能观测的难易度 |
|---|---|---|
| 1 | 地表植被破坏 | 容易 |

续表

| 序号 | 负外部性表现形式 | 系统状态在 $t_0$ 时能观测的难易度 |
|---|---|---|
| 2 | 水土流失 | 容易 |
| 3 | 采场荒漠化 | 容易 |
| 4 | 土壤污染 | 一般 |
| 5 | 地表水污染 | 容易 |
| 6 | 资源损失 | 一般 |
| 7 | 堆场滑坡 | 容易 |

资料来源：根据邹国良（2020）文献资料整理而得。

显而易见，可初步看出离子型稀土矿堆浸工艺开采负外部性的能观测性会比采用原地浸矿工艺容易。

## 3.4 主要结论

（1）离子型稀土矿原地浸矿及堆浸工艺均有其优缺点，且有其适用条件。开采工艺的选择应结合矿山地质条件（尤其是底板基岩发育的完整度）进行选择。

（2）从植被破坏程度及采选回收率的高低选择离子型稀土工艺具有片面性。离子型稀土开采工艺的选择要考虑植被的破坏程度，但更重要的是要考虑植被破坏后的可修复程度以及生态环境破坏的可治理程度。采用堆浸工艺植被破坏可进行生态恢复，而采用原地浸矿工艺造成的地下水污染很难治理。由于资源赋存状态特殊，矿山资源储量难以准确计算，有些矿山采用原地浸矿工艺其采选回收率大于100%，因此不能以采选回收率的高低作为评价离子型工艺好坏的唯一指标。

（3）堆浸工艺因露天开采造成的植被破坏和水土流失等现象是显性的，资源和环境损失也容易控制。但对于矿床底板发育不好的矿山或采用人造底板的矿山，采用原地浸矿工艺因溶浸液不可避免地或多或少会渗漏地下，这种造成资源流失和地下水污染等现象是隐性的，资源损失和生态环境破坏较难控制。

（4）资源永久性损失、生态环境隐性破坏及其可控性值得重视。离子型稀土矿采选造成的暂时性影响和显性影响均可通过人类行为得到较好治理或控制，而地下水污染和资源漏损等隐性影响和持久性影响可控性差，可修复或可治理性差。对于大部分离子型矿山来说，其矿床底板基岩发育不完整，采用原地浸矿工艺容易造成较大的资源漏损和地下水污染风险，而且这种风险较难控制，因此，原地浸矿工艺不宜盲目推广使用。

（5）离子型稀土矿开采工艺的选择应考虑矿山开采的负外部性。堆浸工艺造成的植被破坏及水土流失等显性成本容易被纳入离子型稀土矿采选成本，但是，原地浸矿工艺造成的地下水污的负外部性往往被忽视或难以估算。因此，基于时间维度，矿山采用原地浸矿工艺开采造成的负外部性治理成本较难估算。

（6）离子型稀土矿开采工艺选择应以保护资源和生态环境为前提并加以系统考虑。开采工艺的选择应首先考虑开采工艺造成的资源损失和生态环境破坏是否可控，然后从离子型稀土矿整个开采周期的角度系统考虑方案的技术及经济可行性。

# 第 4 章 离子型稀土矿开采的外部性理论分析

离子型稀土矿开采无论采用堆浸或原地浸矿工艺均会造成不同程度的资源损失和生态环境破坏。为了更好地选择离子型稀土矿开采工艺奠定理论基础，本章拟从管理学和经济学的角度进行相关理论探讨。

## 4.1 离子型稀土矿开采的外部性“冰山模型”

### 4.1.1 离子型稀土矿开采的外部性表现形式

外部性是指影响他人的某一生产者或消费者的行为，当行为使他人付出代价时称为负外部性，而当行为使他人受益时称为正外部性。显然，当不考虑生态复垦收益时，离子型稀土矿开采造成的资源损失和生态环境破坏属于负外部性，其负外部性表现形式按开采工艺划分如下：

（1）堆浸工艺：矿山地表植被破坏，水土流失，水土污染；矿土运输造成的资源损失等。

（2）原地浸矿工艺：矿山地表植被破坏，塌陷，滑坡；地下水被污染，资源随溶浸液渗漏地下等。

### 4.1.2 离子型稀土矿开采外部性的“冰山模型”构建

离子型稀土矿开采无论采用堆浸还是原地浸矿生产工艺，均会造成不同程度的资源损失和生态环境破坏。由于矿山地表植被破坏和水土流失、地表水土污染、塌陷及滑坡等容易引起人们的关注，因此属于“冰山模型”中的“冰山以上部分”。而地下水污染则难以被发现，因此属于“冰山模型”中的“冰山以下部分”，如图4－1所示。

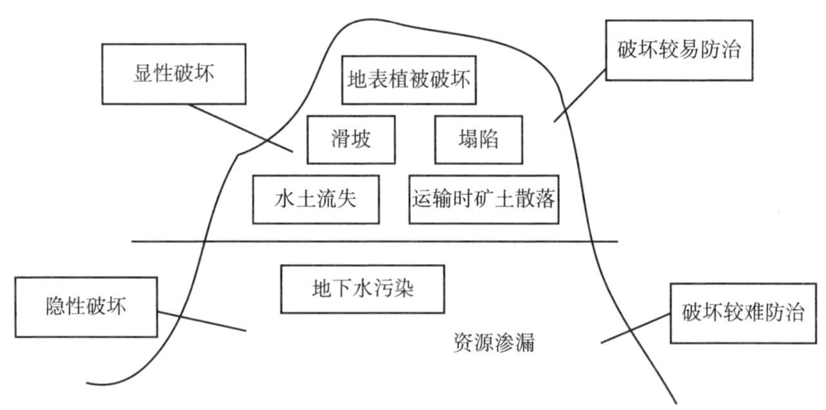


**图4－1　离子型稀土矿开采负外部性“冰山模型”**

资料来源：根据邹国良（2016）文献资料整理而得。

关于离子型稀土矿该采用堆浸开采工艺还是原地浸矿开采工艺，目前国内众多专家学者及矿山开采一线工作人员认为，从资源回收和地下水保护的可控性角度，堆浸工艺好于原地浸矿工艺。然而，当前多个国家相关政策关于离子型稀土矿采用何种开采工艺的规定不统一。实际上，正如离子型稀土矿开采负外部性“冰山模型”中所描述的一样，人们往往比较关注矿山地表植被破坏和水土流失、地表水土污染、塌陷、滑坡及矿土运输中的掉落等“冰山以上的部分”的表象，而忽略沉于“冰山以下的部分”的地下水污染和资源漏损等关键因素，而这也可能与人们对生态环境保护重视程度不够、问责制执行不到位等其他因素有关。

## 4.2 离子型稀土矿开采的负外部性分析

从经济学角度，纠正市场失灵的措施主要有征收排污费和限制污染排放量。从现有政策来看，离子型稀土矿开采的外部性治理主要采用排污费的方法，例如，2012 年 11 月赣州市人民政府办公厅出台的《关于进一步统一规范我市稀土开采税费管理的通知》规定“离子型稀土开采排污费、水土保持设施补偿费及水土流失防治费、森林植被恢复费的均按生产出的混合稀土氧化物的产量进行征收”。然而，当离子型稀土矿开采考虑了生态环境的显性破坏和隐性破坏时，纠正市场失灵的措施应通过采取排放标准还是收取排放费需进一步研究。

假设在竞争性市场中，只有一家离子型稀土开采企业产生污染。当存在负的外部性时，因为存在边际外部成本（*MEC*），所以边际社会成本（*MSC*）大于边际私人成本（*MC*）。矿山企业要使利润最大化，须在价格 $P_1 = MC$ 的 $q_1$ 处生产。然而，有效产出水平则由 $P_1 = MSC$ 决定，即在 $q^*$ 处生产，如图 4 – 2 所示。

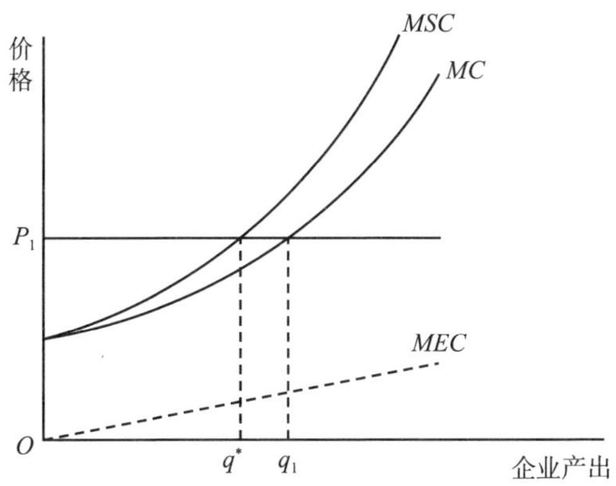


**图 4 – 2　离子型稀土矿开采企业的外在成本**

资料来源：根据邹国良（2016）文献资料整理而得。

现从产业的角度，有很多离子型稀土开采企业产生污染。假设产业的供给曲线为 $MC^1$，产业的边际外在成本为 $MEC^1$。其中，$MEC^1$ 表示为所有离子型稀土开采企业在每种产出水平下的边际成本之和。产业的边际社会成本 $MSC^1$ 是所有离子型稀土开采排污企业边际生产成本和边际外在成本之和，如图 4－3 所示。

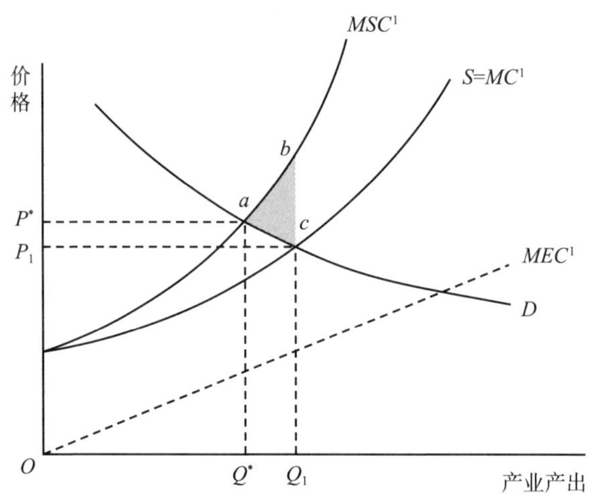


**图 4－3　离子型稀土产业的外在成本**

资料来源：根据邹国良（2016）文献资料整理而得。

因消费者的边际收益可用需求曲线来衡量，故有效产出取决于需求曲线 $D$ 与边际社会成本曲线 $MSC^1$。当存在负的外部性时，有效产出为 $Q^*$。然而，产业的竞争性产出位于市场需求曲线 $D$ 与市场供给曲线 $MC^1$ 相交的 $Q_1$ 处。

由此可以看出，排放污染的无论只是一家离子型稀土矿开采企业还是整个产业，都会出现生产过多的现象，从而导致污染物排放过多，并造成图 4－3 中灰色区域 $S_{\triangle abc}$ 的社会损失。

### 4.2.1 离子型稀土矿堆浸开采的负外部性分析

本书将外部性理论运用到离子型稀土矿堆浸、原地浸矿工艺的负外部性分析中。如前文所述，尽管离子型稀土矿采用堆浸工艺开采会造成显性的生态环境破坏，但是，生态植被、水土流失等显性破坏可通过生态复垦方式进行治理，污水排放也容易控制，因此，离子型稀土矿采用堆浸工艺开采造成的实际发生的边际外部成本比名义上的边际外部成本小。

#### 4.2.1.1 若干概念的界定

为了研究的方便，本书将实际边际外部成本（$MEC^{1'}$）界定为不仅考虑了生态环境显性破坏和隐性破坏，而且考虑了生态环境破坏的可控性的边际外部成本。而将名义边际外部成本（$MEC^{1}$）界定为仅考虑了生态环境显性破坏的边际外部成本。同理，对应的边际社会成本分别为实际边际社会成本（$MSC^{1'}$）和名义边际社会成本（$MSC^{1}$），相应的有效产出称为实际有效产出和名义有效产出。对应的社会损失为实际社会损失和名义社会损失。

#### 4.2.1.2 离子型稀土矿开采负外部性分析

假设只有一家离子型稀土矿开采企业，由于采用堆浸工艺，其实际边际外在成本（$MEC'$）小于名义边际外在成本（$MEC$），因此，在图 4－4 中表现为实际边际外在成本曲线位于名义边际外在成本曲线的下方。同理，由于实际边际社会外在成本（$MSC'$）小于名义边际社会外在成本（$MSC$），因此，在图 4－4 中表现为实际边际社会外在成本曲线位于名义边际社会外在成本曲线的下方。显然，名义有效产出为（$q^*$）小于实际有效产出（$q_2$），这说明矿山开采企业名义上生产过少，实际可生产更多，污染物排放也可更多。

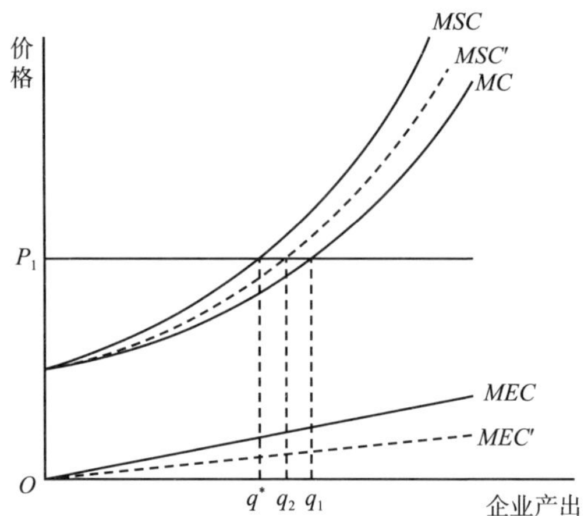


**图 4－4　采用堆浸工艺的离子型稀土矿开采企业外在成本**

资料来源：根据邹国良（2016）文献资料整理而得。

若从产业角度分析，当离子型稀土矿采用堆浸工艺开采，则造成图 4－5 中（$S_1+S_2$）的名义社会损失，大于实际社会损失 $S_1$。这意味着名义边际社会成本大于实际边际社会成本从而容易夸大堆浸工艺的缺点，从而误导相关政策制定者做出限制使用堆浸工艺的决策。

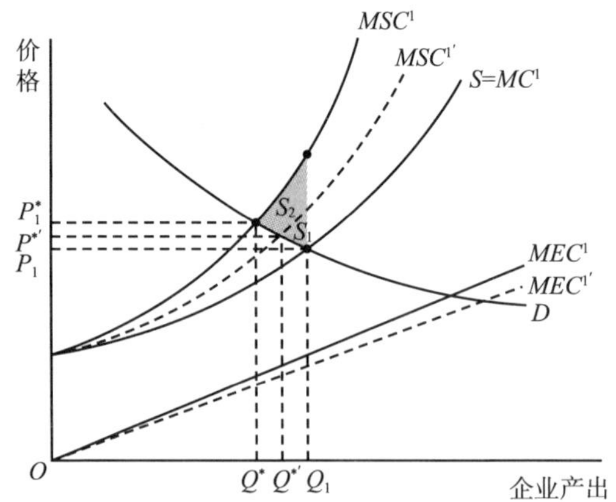


**图 4－5　离子型稀土矿采用堆浸工艺的产业外在成本**

资料来源：根据邹国良（2016）文献资料整理而得。

### 4.2.2 离子型稀土矿原地浸矿开采的负外部性分析

当离子型稀土矿采用原地浸矿工艺开采时，生态环境的隐性破坏和显性破坏及其可控性同样会影响到相关开采工艺政策的制定。

假如单个矿山开采企业的实际边际外在成本为 *MEC′*，名义边际外在成本为 *MEC*，实际边际社会外在成本为 *MSC′*，名义边际社会外在成本为 *MSC*。由于考虑了矿山地表植被破坏及地下水污染的实际边际外在成本大于仅考虑了矿山地表植被破坏的名义边际外在成本，因此，实际边际外在成本曲线 *MEC′*在名义边际社会外在成本曲线 *MSC* 的上方。同理，实际边际社会外在成本曲线 *MSC′*在名义边际社会外在成本曲线 *MSC* 的上方，如图 4 –6 所示。

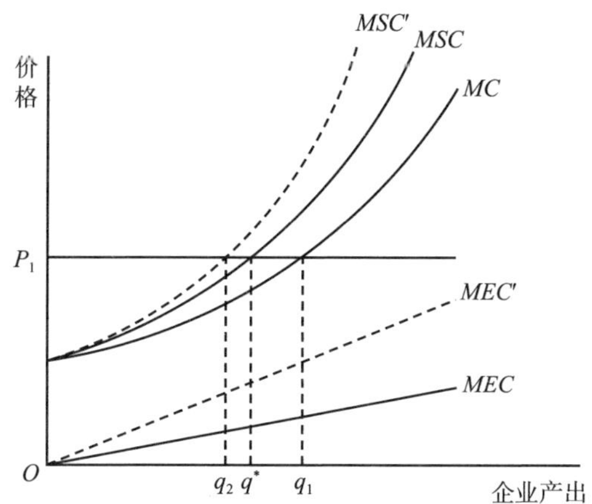


**图 4 –6 离子型稀土矿采用原地浸矿工艺的企业外在成本**

资料来源：根据邹国良（2016）文献资料整理而得。

另外，从图 4 –6 可以看出，由 $P_1$ 和 *MSC* 决定的名义有效产出 $q^*$ 大于由 $P_1$ 和 *MSC′*决定的实际有效产出 $q_2$，即：$q^* > q_2$。这说明矿山开采企业名义上生产过多，污染排放也过多，而实际上要少生产。

若从产业角度分析，当离子型稀土矿采用原地浸矿工艺开采时，则造成图 4 –7 中 $S_2$ 的名义社会损失小于实际社会损失（$S_1 + S_2$）。这意味着名义边际社会成本小于实际边际社会成本从而容易弱化原地浸矿工艺的缺点，进而误导相关政策制定者作出过度推广使用原地浸矿工艺的决策。实际上，采用原地浸矿工艺产生的负外部性影响比通常做法下的影响更严重。

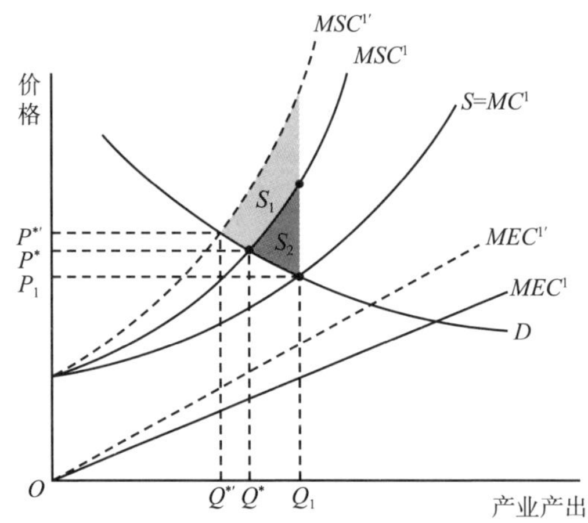


**图 4-7　离子型稀土矿采用原地浸矿工艺的产业外在成本**

资料来源：根据邹国良（2016）文献资料整理而得。

### 4.2.3　离子型稀土矿采用不同开采工艺的负外部性比较

尽管前文基于外部性理论阐明了离子型稀土矿开采因开采工艺不同从而造成的生态环境破坏和资源损失的形式也不相同，且容易因实际边际外在成本和名义边际外在成本的差异误导政策制定者作出限制堆浸工艺、过度推广原地浸矿工艺的行为，但是，相关分析并没有比较堆浸工艺和原地浸矿工艺哪种工艺更好。

实际上，对于同一离子型稀土矿山采用不同开采工艺而言，其需求曲线是相同的，因而，选择堆浸工艺或是原地浸矿工艺，关键取决于其边际成本和边际外在成本。然而，边际成本和边际外在成本受开采工艺技术的成熟度、经济性以及矿山地质地形条件等因素的影响。此外，矿床底板基岩完整度、风化程度、矿山形状以及滑坡等地质灾害均会影响到矿山开采边际成本，且矿床底板基岩完整程度还会严重影响到边际外在成本。

## 4.3 离子型稀土矿开采排放标准与排放费的比较

### 4.3.1 离子型稀土矿开采生态环境补偿的一般做法

赣南作为离子型稀土矿主产区，出台了稀土矿开采生态环境补偿的一般标准。

4.3.1.1 按照排污费、水土保持设施补偿费及水土流失防治费、森林植被恢复费等分列征收

具体规定如下：

如前文所述，赣州自 2012 年 11 月 21 日起，离子型稀土矿采用原地浸矿工艺开采排污费、水土保持设施补偿费及水土流失防治费、森林植被恢复费的均按生产出的混合稀土氧化物的产量进行征收，具体标准如下：

①排污费：按照 1000 元/吨的标准征收，其中，排污费包括工业废水、化学需氧量、氨氮含量等。

②水土保持设施补偿费及水土流失防治费：500 元/吨。

③森林植被恢复费：100 元/吨。

4.3.1.2 排污费、水土保持设施补偿费及水土流失防治费、森林植被恢复费等纳入综合规费统一征收

在执行 2012 年赣州市人民政府办公厅出台《关于进一步统一规范我市稀土开采税费管理的通知》之前，赣州离子型稀土开采排污费、水土保持设施补偿费及水土流失防治费、森林植被恢复费等纳入综合规费统一征收，该规定适用于堆浸开采工艺和原地浸矿开采工艺。综合规费按照混合稀土氧化物不含税销售收入的一定比例征收，具体规定如下：

（1）综合规费包含的内容。综合规费包括环保性收费和政府基金，具体为：

①环保性收费：包括水土保持、排污费、森林植被恢复费。

②政府性基金：包括价格调节基金、防洪保安资金及其他相关规费。

（2）征收标准。按照离子型稀土矿所处的地域进行划分，具体征收标准如下：

①寻乌县：按照不含税销售收入的10%征收。

②信丰、赣县、定南、全南、安远，宁都等六县：按照不含税销售收入的15%征收。

③龙南：按照不含税销售收入的25%征收。

本书第4.2节分析表明，从经济学的角度，纠正因负的外部性导致离子型稀土矿开采市场失灵的措施是采取收费而不是限制污染排放量。

### 4.3.2 离子型稀土矿开采纠正市场失灵排放标准的分析

纠正市场失灵的方法之一是采用排放标准，对于离子型稀土矿开采来说，纠正市场失灵的途径之一是制定废水、废气及放射性等排放标准，控制排放量。鉴于本书侧重探讨矿山开采问题，且考虑到离子型稀土放射性很低的特点，为了研究的方便，下面仅对离子型稀土矿开采废水排放水平进行分析，并作如下假设：

**假设1**：企业关于产出和排放的决策相互独立，并假设当某矿山开采企业利润最大化时的废水排放水平为24个单位。

**假设2**：*MSC*曲线代表边际社会成本，表示与离子型稀土矿开采企业产生废水相关的递增的损害。

**假设3**：*MCA*曲线表示离子型稀土矿开采企业减少污水排放的边际成本，它表示矿山开采企业在少量减少废水排放时的边际成本较低，而在大量减少废水排放时成本很高，即*MCA*曲线表现为一条向右下方倾斜的曲线，如图4－8所示。

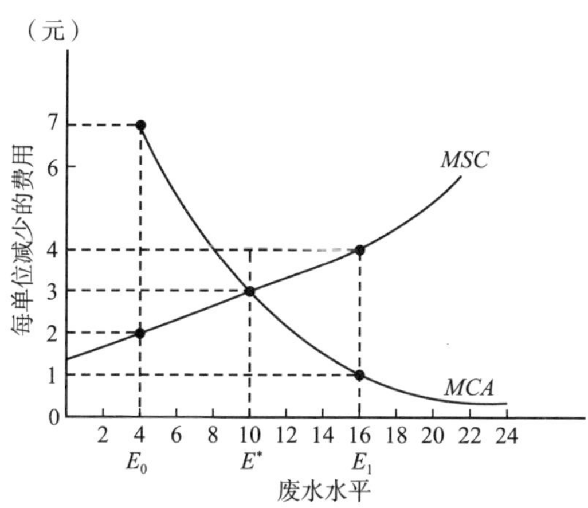


**图4－8　离子型稀土开采废水排放的有效水平**

资料来源：根据邹国良（2016）文献资料整理而得。

从图4－8中可以看出，废水排放的有效水平为10个单位，即$E^*$点，这时边际社会成本与企业减少排放废水的成本之和最小。当排放水平位于$E_0=4$时，减少排放废水的成本为7元，大于边际社会成本2元，这说明废水减少得太多或废水排放得太少。同理，当排放水平位于$E_1=16$时，减少排放废水的成本为1元，大于边际社会成本4元，这说明废水减少得太少或废水排放得太多。

由于排放标准是矿山开采企业可排放污染物的最大数量，因此，如果矿山开采企业废水排放量大于废水排放标准，则将受到惩罚。矿山开采企业为了不违反废水排放标准，一般采取改进开采工艺或采用减污设备等措施。

然而，改进开采工艺或安装减污设备将会增加矿山开采企业的成本，表现为矿山开采企业平均成本增加（大小等于减污成本），因此，只有当混合稀土氧化物价格高于企业减污成本与平均生产成本之和时，矿山开采企业才会开采。如图4－9所示，10个单位废水的有效排放水平可通过将企业废水排放标准定为10个单位或根据废水排放量按3元/吨的标准征收企业排污费以及实现。

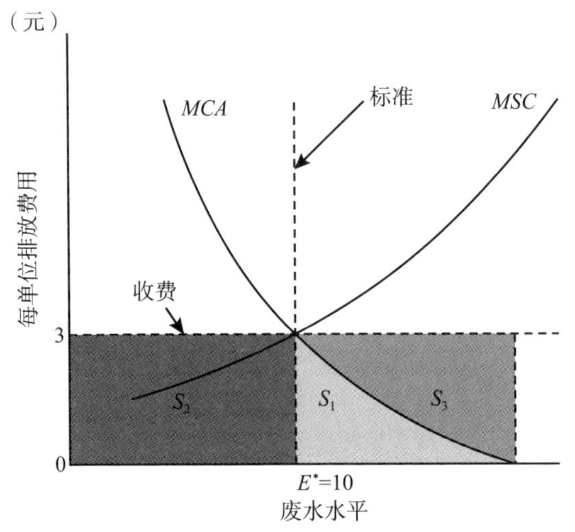


**图4-9　离子型稀土开采废水排放设置标准与收费**

资料来源：根据邹国良（2016）文献资料整理而得。

### 4.3.3　离子型稀土矿开采纠正市场失灵排放费的分析

排放费是按照污染排放量对污染排放企业收费，对矿山开采企业征收废水排放费是纠正离子型稀土开采市场失灵的另一种途径。当对每单位废水征收3元的排放费时排放是有效率的，如图4-9所示。如前文所述，*MCA* 曲线是一条向右下方倾斜的曲线，它表示矿山开采企业减污边际成本随着废水排放量的减少而增加。当排放水平从24个单位减少到10个单位时，矿山开采企业减污的边际成本小于排污费，因此，矿山开采企业选择减少排放量。然而，当废水排放水平继续从10个单位减少时，矿山开采企业减污的边际成本大于排污收费，因此，矿山开采企业选择支付排污费。显然，矿山开采企业先减污再支付排放费的行为是理性的，其总排污成本（$S_1 + S_2$）小于矿山开采企业不减污直接支付废水排放费的成本（$S_1 + S_2 + S_3$）。

### 4.3.4 离子型稀土矿开采排放标准与排放费的比较

排放标准和排放费作为纠正市场失灵的办法均有其优越性，至于哪种办法更好应视具体情况而定，尤其当政策制定者的信息不完全及矿山企业排放代价很高时，排放标准与排放费的效果有较大差异。

#### 4.3.4.1 排放标准优于排放费的情形

假设减污的边际成本比较平缓，污染排放的边际社会成本比较陡峭（说明污染治理的边际成本和边际社会成本都比较高），如图 4－10 所示，排放费或排放标准对所有矿山开采企业是相同的，且排放费和排放标准单独使用。由于信息不对称，当政策制定者不了解企业减污成本信息时，政策制定者面临着排放标准和排放费的选择。

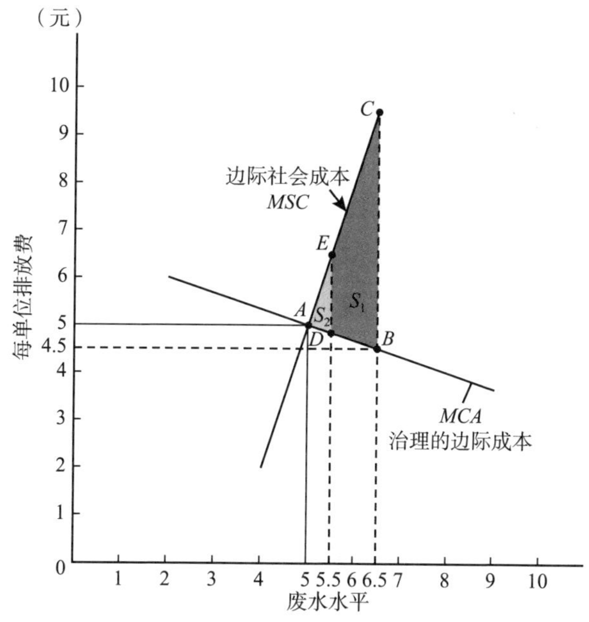


**图 4－10 排放标准优于排放费**

资料来源：根据邹国良（2016）文献资料整理而得。

当边际社会成本曲线比较陡峭，边际减污成本曲线比较平缓时，减少污水排放可以极大地降低成本，因此，排放标准高于排放费。此外，在信息不对称条件下，排放标准适用于污水排放量比较确定而减污成本不太确定情形。

如果政策制定者因为信息不对称导致误将排放标准提高了 10%，即废水排放标准定为 5.5 个单位，则将导致增加社会损失 $S_2$。但是，如果政策制定者误将收费标准降低了 10%，即按照每单位废水征收 4.5 元的排放费，则出现增加社会损失为（$S_2+S_1$）。

显然，同样因为政策者误将排放标准提高 10% 或将排放费降低了 10%，但是造成增加的社会损失后者远大于前者，因此，排放标准高于排放费。

#### 4.3.4.2 排放费优于排放标准的情形

为研究的方便，假设只有矿山开采企业 1 和矿山开采企业 2 两家排污企业，每家矿山开采企业支付的排放费都相同，废水排放的社会边际成本也相同。一般来说，矿山开采企业 1 和矿山开采企业 2 的减污边际成本曲线会有差异，如图 4－11 所示，矿山开采企业 2 的治污边际成本低于矿山开采企业 1 的治污边际成本。

当信息不对称时，政策制定者同样面临制定征收排放费或排放标准的政策选择。当要求这两家矿山开采企业总共只能排放 12 个单位的废水时，则有：

（1）如果对所有矿山开采企业统一征收 3 元的排放费，则矿山开采企业 1 会减少 5 个单位的废水，最后排放 7 个单位的废水；矿山开采企业 2 减少 7 个单位的废水，最后排放 5 个单位的废水。

（2）如果对每家企业统一限排 6 个单位废水，则企业 1 增加 $S_1$ 的减污成本，企业 2 减少 $S_2$ 的减污成本。

因为 $S_1>S_2$，所以说明采用征收排放费增加的治理成本低于采用排放标准增加的治理成本。此外，征收排污费会比采用排放标准更让矿山开采

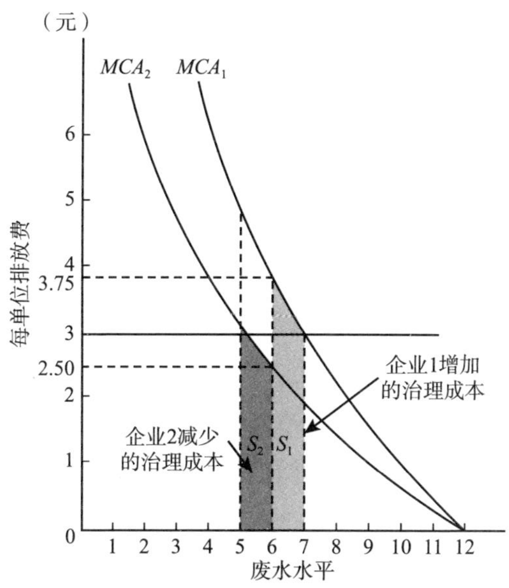


**图 4－11　排放费优于排放标准**

资料来源：根据邹国良（2016）文献资料整理而得。

企业有安装排污设备或改进开采工艺的动力。例如，如果矿山开采企业认为改进开采工艺或安装减污设备有利可图，则矿山开采企业 1 会将 $MCA_1$ 降低至 $MCA_2$，并继续降低至排放水平为 5 个单位。因此，排放费优于排放标准。

排放费的优点在于：一方面，能够促使矿山开采企业安装新的设备以减少污水排放；另一方面，当所有矿山开采企业都须执行排放标准时，排放费能以较低的成本达到相同的废水排放减少效果。此外，在信息不对称条件下，排放标准适用于减污成本比较确定而污水排放量不太确定的情形。

## 4.3.5　堆浸、原地浸矿工艺条件下排放标准与排放费的选择

### 4.3.5.1　堆浸工艺条件下排放标准与排放费的选择

当离子型稀土矿采用堆浸工艺开采时，由于其减污的成本和排放水平

均比较确定，因此，排放费比排放标准更好。

#### 4.3.5.2 原地浸矿工艺条件下排放标准与排放费的选择

当离子型稀土矿采用原地浸矿工艺开采时，该采用排放标准还是排放费，取决于信息对称程度、边际社会成本曲线及边际减污成本曲线的形状。

（1）信息不对称情况下。当离子型稀土矿床底板基岩完整度及风化程度不确定时，由于减污成本和废水排放量均不太确定，因此，排放标准和排放费均不适合。

（2）信息对称情况下。当离子型稀土矿床底板基岩完整度及风化程度比较明确时，尽管废水排放量可估算出，但是一旦废水排除其治理成本难以估算，因此，该情况下排放标准高于排放费。

以上分析可以看出，当前赣州出台的相关原地浸矿工艺条件下“离子型稀土开采排污费、水土保持设施补偿费及水土流失防治费、森林植被恢复费的均按生产出的混合稀土氧化物的产量进行征收”的政策具有片面性，如果离子型稀土矿可以采用原地浸矿工艺开采，那么纠正市场失灵的办法应选择排放标准，而不是排放费。

## 4.4 主要结论

（1）构建了离子型稀土矿开采负外部性冰山模型。研究认为矿山地表植被破坏和水土流失、地表水土污染、塌陷、滑坡及矿土运输中的掉落等容易引起关注，因此属于“冰山模型”中的“表象的部分”；而地下水污染和资源渗漏损失等难以被发现，因此属于“冰山模型”中的“潜在的部分”。同时认为，当前相关政策“离子型稀土矿只能采用原地浸矿开采工艺，禁止使用堆浸开采工艺”与人们往往比较关注“表象的部分”而较少或忽略“潜在的部分”的因素有关。

（2）提出了名义边际外部成本、实际边际外部成本以及名义边际社会成本和实际边际社会成本的概念。基于外部性理论，得出因堆浸工艺的名义边际外部成本大于实际边际外部成本从而容易导致政策制定者作出限制堆浸工艺的决策，而因原地浸矿工艺的名义边际外部成本小于实际边际外部成本从而容易导致政策制定者作出过度推广原地浸矿工艺的决策。

（3）当离子型稀土矿采用堆浸工艺开采时，由于其减污的成本和排放水平均比较确定，因此，排放费比排放标准更好。

（4）当离子型稀土矿采用原地浸矿工艺开采时，该采用排放标准还是排放费，取决于信息对称程度、边际社会成本曲线及边际减污成本曲线的形状。当离子型稀土矿床底板基岩完整度及风化程度不确定时，由于减污成本和废水排放量均不太确定，因此，排放标准和排放费均不适合；当离子型稀土矿床底板基岩完整度及风化程度比较明确时，尽管废水排放量可估算出，但是一旦废水排除其治理成本难以估算，因此，该情况下排放标准高于排放费。

# 第5章 确定性条件下离子型稀土矿开采决策模型构建

前文已界定本书涉及的离子型稀土矿开采决策包括矿山开采工艺及矿山开采时机的决策，为了保护珍贵矿产资源及生态环境的目的，开采工艺选择决策模型的构建须建立在对矿床底板基岩完整度及矿山资源储量认知的基础上，并在开采工艺决策模型的基础上进行矿山开采时机决策。本章基于国民经济评价的角度，构建矿床底板基岩完整度及资源储量确定条件下离子型稀土矿开采工艺和开采时机决策模型。

## 5.1 确定性条件下离子型稀土矿开采决策模型初步构建

### 5.1.1 决策模型构建的原则

#### 5.1.1.1 动态原则

建立的开采工艺评价模型应在某一时期内对开采工艺进行动态评价。

对于离子型稀土矿开采来说，须考虑矿山开采全过程生命周期内的经济、社会及环境影响，并能定量化计算。

#### 5.1.1.2 系统原则

开采工艺评价模型既要考虑经济指标，又要考虑环境指标，尤其要考虑矿山开采的负外部性影响。

#### 5.1.1.3 保护资源原则

离子型稀土开采需坚持保护资源的原则，即要避免“少投资，少收益”这种以资源为代价的现象。通常情况下，由于堆浸和原地浸矿开采工艺条件下采选综合资源回收率大小存在一定差异，因此，从保护珍贵离子型稀土资源的角度，为使不同开采工艺具有可比性，评价模型假设不同开采工艺其采矿综合资源回收率指标符合相关政策规定。

#### 5.1.1.4 国民经济评价原则

为便于选择堆浸、原地浸矿工艺，将离子型稀土矿开采看成“项目”，考虑到离子型稀土开采属于稀有矿藏开采项目，因此应从国民经济评价角度分别对堆浸、原地浸矿工艺条件下离子型稀土矿开采“项目”进行比较。为此，采用国民经济评价的经济费用效益分析法。

#### 5.1.1.5 可操作性原则

从国民经济评价的角度，采用经济费用效益分析法对矿山开采全生命周期内的离子型稀土矿开采工艺进行动态评价需要计算相关费用和收益指标，然而，环境成本指标中的矿区及周边人群健康风险损失补偿、农作物损失补偿比较难量化，相应补偿政策普遍推广的可操作性也不强，因此，根据第 4 章的研究结论“原地浸矿工艺条件下采用排放标准比采用排放费更好”的结论，通过控制污染排放量使其排放符合行业及环保部门规定的污染直排要求，从而避免计算矿区及周边人群健康损失补偿。考虑到离子型稀土矿赋存特征（如图 2-1 所示），从理论上和实际操作来看，通过布置收液系统控制矿床底板母液渗漏量具有可行性。显而易见，母液的渗漏程度与工程投入有关，为此，引入母液渗漏防治费用的概念，即基于“注液-收液”孔网参数一定条件下，通过控制母液渗漏量，使污染排放符合国家相关标准所需要的费用。

#### 5.1.1.6 可比性原则

原地浸矿、堆浸生产工艺的选择相当于对同一个“项目”的两种方案进行评价，从国民经济评价角度，评价模型应使不同方案比较具有可比性。一方面，多方案比选要在单方案可行的基础上，比较不同方案单位投资对国民经济的贡献大小；另一方面，为使不同方案具有可比性，计算期应相同。

### 5.1.2 国民经济评价的经济净现值率一般模型

将一定开采工艺条件下离子型稀土矿开采看成“项目”，从国民经济评价角度评价堆浸工艺和原地浸矿工艺，为此，基于经济费用效益分析法构建经济净现值率决策模型。

#### 5.1.2.1 经济净现值率一般模型

（1）经济净现值法（*ENPV*）。经济净现值率模型以经济净现值法（*ENPV*）为基础：

$$ENPV = \sum_{t=0}^{n} (B - C)_t (1 + i_s)^{-t} \tag{5-1}$$

其中，$B$ 表示国民经济效益流量；$C$ 表示国民经济费用流量；$(B-C)_t$ 表示第 $t$ 年的经济净效益流量；$i_s$ 表示社会折现率；$n$ 表示计算期。

评价准则：当 $ENPV \geqslant 0$ 时，“项目”可行；反之，“项目”不可行。

（2）经济净现值率（*ENPVR*）模型。经济净现值率（*ENPVR*）体现单位投资对国民经济贡献的相对指标。

$$ENPVR = \frac{ENPV}{I_p} \tag{5-2}$$

其中，$ENPVR$ 表示经济净现值率；$I_p$ 表示项目总投资现值。

评价准则：当 $ENPVR \geqslant 0$ 时，“项目”可行；反之，“项目”不可行。对于多“项目”比较，在“项目”满足 $ENPVR \geqslant 0$ 的基础上，$ENPVR$ 越大的“项目”越好。

#### 5.1.2.2 国民经济评价的重要参数

（1）社会折现率。根据相关研究（朱红章，2010；林文俏，2014），国民经济评价中社会折现率取 8%。

（2）影子价格。混合稀土氧化物的影子价格按外贸货物影子价格的出厂价计算，项目投资、成本费用等也按影子价格调整。

（3）影子汇率。目前，我国的影子汇率换算系数取值 1.08（朱红章，2010；林文俏，2014）。

#### 5.1.2.3 国民经济评价中效益和费用的基本内容

（1）国民经济费用。包括直接费用和间接费用的调整，其中：直接费用指项目使用投入物所形成的费用；间接费用指产业关联、生态环境影响的费用。

（2）国民经济效益。包括直接效益和间接效益的调整，其中：直接效益指项目产出物（或服务）的国内需求效益或增加（减少）出口带来的外汇增加（节约）的效益；间接效益指产业关联、环境影响以及技术扩散等效益。此外，项目的间接效益与间接费用不能连续计算。

（3）转移支付。从国民经济的角度，税金、补贴、国内贷款的还本付息、国外贷款的还本付息属于国民经济内部的“转移支付”，因而在国民经济评价中不属于费用范畴。

#### 5.1.2.4 项目投资经济效益和费用流量表的一般形式

经济净现值率模型以经济净现值法为基础，为更好体现效益流量和费用流量，采用项目投资经济效益和费用流量表一般形式（朱红章，2010），如表5-1所示。

**表5-1　　项目投资经济效益和费用流量表**　　单位：元

| 序号 | 项目 | 合计 | 计算期 | | | | | |
|---|---|---|---|---|---|---|---|---|
| | | | 1 | 2 | 3 | 4 | … | $n$ |
| 1 | 效益流量 | | | | | | | |
| 1.1 | 销售收入 | | | | | | | |
| 1.2 | 回收固定资产余值 | | | | | | | |
| 1.3 | 回收流动资金 | | | | | | | |
| 1.4 | 项目间接效益 | | | | | | | |
| 2 | 费用流量 | | | | | | | |
| 2.1 | 建设投资 | | | | | | | |
| 2.2 | 流动资金 | | | | | | | |
| 2.3 | 经营费用 | | | | | | | |
| 2.4 | 项目间接费用 | | | | | | | |
| 3 | 净效益流量（1-2） | | | | | | | |

资料来源：根据朱红章（2010）文献整理而得。

### 5.1.3 国民经济评价的经济净现值率模型假设

（1）采用影子价格，在计算期内不考虑通货膨胀，材料及设备涨价预备费、混合稀土氧化物的影子价格不变。

（2）不同开采工艺条件下，开采回收率、选矿回收率及生产用水循环利用率等须分别达到国家相关规定。

（3）废水排放费参照国家排污费征收标准并基于排放量进行计算，一次性纳入费用。

（4）母液渗漏矿床底板的防治费用只发生在建设期。

### 5.1.4 国民经济评价中效益流量和费用流量的识别

#### 5.1.4.1 效益流量

（1）销售收入。销售收入为按混合稀土氧化物的影子价格（按外贸货物出厂价）计算销售收入。

（2）回收固定资产余值。离子型稀土矿开采的机器设备、车辆及其他固定资产折旧后再计算期期末的余值，残值率一般取 5%。

（3）回收流动资金。一般在矿山开采结束和生态复垦完成时分别将流动资金收回。

（4）项目间接效益。项目间接效益主要为离子型稀土开采生态复垦的效益，如种植脐橙带来的收益。由于离子型稀土矿采后可采取多种措施进行生态恢复，如种植桉树、百喜草或脐橙树等，而目前没有政策规定统一生态复垦方式，因此，不考虑生态复垦带来的间接收益。

#### 5.1.4.2 费用流量

（1）建设投资。建设投资一般包括工程费用、工程建设其他费用和预备费，其中：工程费用包括建筑工程费、设备及器具购置费、安装工程费；而预备费由基本预备费及涨价预备费构成。此外，由于国内贷款的还本付息属转移支付，因此，建设期利息在国民经济评价中不属于费用流量的内容。

（2）流动资金。流动资金是离子型稀土开采运营期内长期占用并周转使用的营运资金，发生在运营期期初。

（3）经营费用。经营费用构成：燃料和动力费、外购原材料费、工资及福利费、修理费以及其他费用。国民经济评价时，需对外购原材料、燃料和动力费、工资及福利费等进行调整，计算影子价格。

（4）项目间接费用。离子型稀土矿开采的间接费用主要表现为对生态环境造成的损失补偿费。具体包括：

①森林生态系统服务功能价值补偿费。包括提供产品、调节、文化等功能价值，以补偿因矿山地表布置注液孔（井）等造成的森林损失。

②森林植被恢复费。参照赣南离子型稀土矿原地浸矿开采条件下森林植被恢复费按100元/吨混合稀土氧化物的标准征收。

③水土保持设施补偿及水土流失防治费。目前，赣南离子型稀土矿水土保持设施补偿及水土流失防治费按500元/吨混合稀土氧化物产量征收，同理，水土保持设施补偿及水土流失防治费应以森林植被恢复的面积为计算依据。

④排污费。排污费包括工业废水、化学需氧量以及氨氮含量等。目前，赣南离子型稀土矿开采的排污费按1000元/吨混合稀土氧化物的标准征收。然而，由于该种排污费征收标准只考虑了回收到的混合氧化物的产量，未体现因渗漏造成的排污补偿，因此，以混合稀土氧化物的产量为计算依据征收排污费不合理。本书以母液渗漏量为计算依据，按照国家相关排污费征收标准计算排污费。

⑤母液渗漏防治费。指在现有原地浸矿工艺技术参数下，将母液渗漏量控制在一定范围之内所需增加的额外费用，包括基建期和运营期矿床底板基岩破碎带、裂隙或断层防渗处理所需的机械使用费、材料费及人工费。由于母液渗漏防治主要与井巷工程费有关，因此，母液渗漏防治费以井巷工程费为计算基数。

### 5.1.5 国民经济评价的经济净现值率模型的若干说明

#### 5.1.5.1 计算期

计算期一般包括建设期、运营期以及采后生态植被恢复期，其中，建设期主要指矿山开采基本建设所需要的时间，在本书中指矿区道路、员工宿舍、沉淀池、上清液收集池、水冶车间、采场地表植被处理、注液及收液巷道布置、尾矿场（库）建设等所需要的时间；运营期一般指生产阶段的时间跨度，由于离子型稀土矿开采需要考虑矿山采后生态恢复和治理，因此，本书中的运营期包括生产阶段和矿山采后生态恢复治理所需的时间。

一般地，采用原地浸矿工艺开采离子型稀土矿建设期为 1 年，开采（浸出）阶段 3 年，采后生态恢复 5 年，因此，原地浸矿工艺条件下计算期确定为 9 年；而采用堆浸工艺离子型稀土矿建设期也为 1 年，开采（浸出）阶段 2 年，采后生态恢复 6 年，因此，堆浸工艺条件下计算期也为 9 年。如果某矿山采用堆浸工艺或原地浸矿工艺的计算期与上述不一致，则可以按照不同开采工艺条件下矿山开采生命周期的最小公倍数作为不同开采工艺比较的计算期。

#### 5.1.5.2 *母液渗漏防治费*

在建设投资中的工程费用中增加“母液渗漏防治费”。由于离子型稀土矿开采可能造成的人群健康损失难以估算，且该做法没有统一的征收标准，相应政策很难在全国离子型稀土矿开采中推广，此外，考虑到离子型稀土矿开采母液防治的可行性，因此，本书基于外部性理论，从工程技术角度通过增列母液渗漏防治费以将母液渗漏量控制在可免于计算人群健康损失的范围之内。该假设具体基于两方面：一是考虑从技术角度对母液渗漏进行前馈控制限制污染排放量相对事后控制征收污染费更容易计算，而且从理论和实践方面看也可行；二是从生态环境补偿推广角度，由于任一矿山周边居民、农作物等条件各异，人群健康风险损失补偿难以按某一标准计算，因此，基于井巷工程的母液渗漏防止的标准化推广相对征收人群健康风险损失补偿更好推广。

# 5.2 国民经济评价的经济净现值率模型主要费用效益指标

## 5.2.1 混合稀土氧化物销售收入

### 5.2.1.1 资源储量估算

（1）工业指标的确定。

本书的资源储量估算工业指标采用《稀土矿产地质勘查规范》（DZ/T 0204—2002）中轻稀土的一般工业指标：

边界品位（$TR_2O_3$）：0.05%；

工业品位（$TR_2O_3$）：0.08%；

最小可采厚度：≥1.0 米；

最大夹石剔除厚度：2.0～4.0 米。

对小于最低可采厚度的富矿体用米百分值。

边界品位用于衡量单工程内圈定单个矿体的单样品位。最低工业品位则用于衡量单工程内单个矿体的平均品位。

（2）资源储量估算。

一般地，用 $SRE_2O_3$ 表示浸出相稀土氧化物，则有：

①$SRE_2O_3$ 资源储量估算公式为：

$$A = Q \times C \tag{5-3}$$

②矿石量计算公式为：

$$Q = S_{面积} \times H \times D \tag{5-4}$$

其中，$A$ 表示 $SRE_2O_3$ 稀土氧化物（吨）；$Q$ 表示矿石量（吨）；$C$ 表示矿块平均品位（%）；$S_{面积}$表示矿块面积（计算机读取）（平方米）；$H$ 表示矿块平均厚度；$D$ 表示矿石体重（吨/立方米）。

#### 5.2.1.2 混合稀土氧化物的影子价格

混合稀土氧化物的影子价格（$P$）按外贸货物影子价格的出厂价取值。

#### 5.2.1.3 混合稀土氧化物销售收入

$$\begin{matrix}\text{混合稀土氧化物} \\ \text{销售收入}\ (S)\end{matrix} = \begin{matrix}\text{资源} \\ \text{储量}\ (A)\end{matrix} \times \begin{matrix}\text{开采回} \\ \text{采率}\ (\alpha)\end{matrix} \times \begin{matrix}\text{选矿回} \\ \text{收率}\ (\beta)\end{matrix} \times \begin{matrix}\text{混合稀土氧化物} \\ \text{的影子价格}\ (P)\end{matrix} \tag{5-5}$$

### 5.2.2 矿区森林生态系统服务功能价值补偿费

由于离子型稀土矿开采无论采用堆浸或原地浸矿工艺，均会造成不同程度的矿山生态植被破坏，因此，本书将森林生态系统服务功能价值补偿纳入离子型稀土矿开采完全成本，并从涵养水源、保育土壤、固碳释氧、积累营养物质、净化大气环境、森林防护、生物多样性保护以及森林游憩等八个方面计算森林生态系统服务功能价值（国家林业局，2008），如表 2－3“森林生态系统服务价值评估指标体系”所示。

#### 5.2.2.1 涵养水源价值

涵养水源的价值主要包括：调节水量价值以及净化水质价值。

（1）调节水量。

$$U_{调} = 10C_{库}A(P - E - C) \tag{5-6}$$

其中，$U_{调}$表示矿区林分年调节水量价值（元/年）；$C_{库}$表示为矿区周边水库建设单位库容投资（元/立方米）；$A$ 表示矿区林分面积（公顷）；$P$ 表示矿区所在地降水量（毫米/年）；$E$ 表示矿区林分蒸散量（毫米/年）；$C$ 表示矿区地表径流量（毫米/年）。以下相同。

（2）净化水质。

$$U_{水质}=10KA(P-E-C) \tag{5-7}$$

其中，$K$ 表示水的净化费用（元/吨）；$U_{水质}$表示矿区林分年净化水质价值（元/年）。

#### 5.2.2.2 保育土壤

森林保育土壤的功能主要包括两个方面：森林固土和森林保肥。

（1）矿区森林固土价值。

$$U_{固土}=\frac{AC_{土}(X_2-X_1)}{\rho} \tag{5-8}$$

其中，$U_{固土}$表示矿区林分年固土价值（元/年）；$C_{土}$表示挖掘及运输单位体积土方的费用（元/立方米）；$X_2$ 表示矿区无林地土壤侵蚀模数（吨/公顷·年）；$X_1$ 表示矿区林地土壤侵蚀模数（吨/公顷·年）；$\rho$ 表示矿区林地土壤容重（吨/立方米）。

（2）森林保肥价值。

$$U_{肥}=A(X_2-X_1)(NC_1/R_1+PC_1/R_2+KC_2/R_3+MC_3) \tag{5-9}$$

其中，$U_{肥}$表示矿区林分年保肥价值（元/年）；$N$ 表示矿区林分土壤平均含氮量（%）；$C_1$ 表示磷酸二铵化肥价格（元/吨）；$R_1$ 表示矿区磷酸二铵化肥含氮量（%）；$P$ 表示矿区林分土壤平均含磷量（%）；$R_2$ 表示矿区磷酸二铵化肥含磷量（%）；$K$ 表示矿区林分土壤平均含钾量（%）；$C_2$ 表示氯化钾化肥价格（元/吨）；$R_3$ 表示矿区氯化钾化肥含钾量（%）；$M$ 表示矿区林分土壤有机质含量（%）；$C_3$ 表示有机质价格（元/吨）。

#### 5.2.2.3 固碳释氧价值

固碳释氧价值由固碳价值和释氧价值两个部分构成。

（1）固碳价值。

$$U_{碳}=AC_{碳}(1.63R_{碳}B_{年}+F_{土壤碳}) \tag{5-10}$$

其中，$U_{碳}$表示矿区林分年固碳价值（元/年）；$C_{碳}$表示固碳价格（元/吨）；

$R_{碳}$表示二氧化碳中碳的含量，为 27.27%；$B_{年}$表示林分净生产力（吨/公顷·年）。$F_{土壤碳}$表示矿区单位面积林分土壤年固碳量（吨/公顷·年）。

（2）释放氧气价值。

$$U_{氧} = 1.19C_{氧}AB_{年} \tag{5-11}$$

其中，$U_{氧}$表示矿区林分年释氧价值（元/年）；$C_{氧}$表示氧气价格（元/吨）；$B_{年}$表示林分净生产力（吨/公顷·年）。

#### 5.2.2.4 林木营养积累

林木营养积累指森林植物通过生物化学反应，吸收并贮存大气、土壤以及降水中的氮、钾、磷等营养物质的功能价值。

$$U_{营养} = AB_{年}(N_{营养}C_1/R_1 + P_{营养}C_1/R_2 + K_{营养}C_2/R_3) \tag{5-12}$$

其中，$U_{营养}$表示矿区林分年营养物质积累价值（元/年）；$B_{年}$ 表示林分净生产力（吨/公顷·年）；$N_{营养}$表示矿区林木含氮量（%）；$C_1$ 表示磷酸二铵化肥价格（元/吨）；$R_1$ 表示磷酸二铵化肥含氮量（%）；$P_{营养}$表示矿区林木含磷量（%）；$R_2$ 表示磷酸二铵化肥含氮量（%）；$K_{营养}$表示矿区林木含钾量（%）；$C_2$ 表示氯化钾化肥价格（元/吨）；$R_3$ 表示氯化钾化肥含钾量（%）。

#### 5.2.2.5 净化大气环境价值

森林净化大气环境功能指森林生态系统吸收、过滤和阻隔大气中的二氧化硫、氟化物、氮氧化物、粉尘、重金属，分解大气污染物以及降低噪声、提供负离子的功能。

（1）提供负离子。

$$U_{负离子} = 5.256 \times 10^{15} \times AHK_{负离子}(Q_{负离子} - 600)/L \tag{5-13}$$

其中，$U_{负离子}$表示矿区林分年提供负离子价值（元/年）；$H$ 表示矿区林分高度（米）；$K_{负离子}$表示负离子生产费用（元/个）；$Q_{负离子}$表示矿区林分负离子浓度（个/立方厘米）；$L$ 表示负离子寿命（分钟）。

（2）吸收污染物。

①吸收二氧化硫量。

$$U_{二氧化硫} = K_{二氧化硫} Q_{二氧化硫} A \tag{5-14}$$

其中，$U_{二氧化硫}$表示矿区林分年吸收二氧化硫价值（元/年）；$K_{二氧化硫}$表示二氧化硫治理费用（元/千克）；$Q_{二氧化硫}$表示矿区单位面积林分年吸收二氧化硫量（千克/公顷·年）。

②吸收氟化物。

$$U_{氟} = K_{氟化物} Q_{氟化物} A \tag{5-15}$$

其中，$U_{氟}$表示矿区林分年吸收氟化物价值（元/年）；$K_{氟化物}$表示氟化物治理费用（元/千克）；$Q_{氟化物}$表示矿区单位面积林分年吸收氟化物量（千克/公顷·年）。

③吸收氮氧化物。

$$U_{氮氧化物} = K_{氮氧化物} Q_{氮氧化物} A \tag{5-16}$$

其中，$U_{氮氧化物}$表示矿区每年吸收氮氧化物总价值（元/年）；$K_{氮氧化物}$表示氮氧化物治理费用（元/千克）；$Q_{氮氧化物}$表示矿区单位面积林分年吸收氮氧化物量（千克/公顷·年）。

④吸收重金属。

$$U_{重金属} = K_{重金属} Q_{重金属} A \tag{5-17}$$

其中，$U_{重金属}$表示矿区林分年吸收重金属价值（元/年）；$K_{重金属}$表示重金属污染治理费用（元/千克）；$Q_{重金属}$表示矿区单位面积林分年吸收重金属量（千克/公顷·年）。

（3）降低噪声。

$$U_{噪声} = K_{噪声} A_{噪声} \tag{5-18}$$

其中，$U_{噪声}$表示矿区林分年降低噪声价值（元/年）；$K_{噪声}$表示降低噪声费用（元/千米）；$A_{噪声}$表示矿区森林面积折算成隔音墙的公里数（千米）。林分降低噪声量通常由森林生态站直接测定，单位：分贝。

（4）滞尘。

$$U_{滞尘} = K_{滞尘} Q_{滞尘} A \tag{5-19}$$

其中，$U_{滞尘}$表示矿区林分年滞尘价值（元/年）；$K_{滞尘}$表示降尘清理费用（元/千克）；$Q_{滞尘}$表示矿区单位面积林分年滞尘量（千克/公顷·年）。

#### 5.2.2.6 森林防护

$$U_{防护} = AQ_{防护}C_{防护} \tag{5-20}$$

其中，$U_{防护}$表示矿区森林防护价值（元/千克）；$Q_{防护}$表示由于矿区农田防护林以及防风固沙林等森林存在所需增加的单位面积农作物以及牧草等年产量（千克/公顷·年）；$C_{防护}$表示农作物、牧草等价格（元/千克）。

农田防护森林防护的实物量通常折算成农作物产量（吨/年）；防风固沙林通常折算成牧草产量（吨/年）。

#### 5.2.2.7 生物多样性保护

生物多样性指的是矿区生物及其环境所形成的生态复合体以及与之相关的所有生态过程之和，主要体现在物种保育方面。

$$U_{生物} = S_{生} A \tag{5-21}$$

其中，$U_{生物}$表示矿区林分年物种保育价值（元/年）；$S_{生}$表示矿区单位面积每年物种损失的机会成本（元/公顷·年）。

矿区物种保育价值通常按照 Shannon-Wiener 指数（$K_{sw}$）进行划分，一般分成7个等级：

①当 $K_{sw} < 1$ 时，$S_{生} = 3000$ 元/公顷·年；

②当 $1 \leqslant K_{sw} < 2$ 时，$S_{生} = 5000$ 元/公顷·年；

③当 $2 \leqslant K_{sw} < 3$ 时，$S_{生} = 10000$ 元/公顷·年；

④当 $3 \leqslant K_{sw} < 4$ 时，$S_{生} = 20000$ 元/公顷·年；

⑤当 $4 \leqslant K_{sw} < 5$ 时，$S_{生} = 30000$ 元/公顷·年；

⑥当 $5 \leqslant K_{sw} < 6$ 时，$S_{生} = 40000$ 元/公顷·年；

⑦当 $K_{sw} \geqslant 6$ 时，$S_{生} = 50000$ 元/公顷·年。

其中，$K_{sw}$计算公式为：

$$H = -\sum_{i=1}^{s} P_i \log_2 P_i \tag{5-22}$$

其中，$P_i = n_i/N$；$N$ 表示矿区森林的总面积；$n_i$ 表示矿区第 $i$ 种森林树种类型的面积；$S$ 表示矿区森林树种类型的数目。

5.2.2.8 森林游憩

森林游憩价值指的是矿区森林生态系统为人们提供休闲及娱乐场所等所产生的价值，包括森林游憩的直接价值和间接价值。

### 5.2.3 母液渗漏防治费

母液渗漏防治费是针对原地浸矿工艺而言，如前文所述，第5.1.3节、第5.1.4节中“假设母液防治费只发生在建设期”“母液渗漏防治费以井巷工程费为计算基数”。当离子型稀土矿为裸脚式且只需集液沟收液时，母液防治费为0。然而，对于需要布置收液巷道及相关收液系统时，引入“母液渗漏防治费”的概念。

5.2.3.1 影响母液渗漏防治费估算的主要因素

母液渗漏防治费估算主要与三个影响因素有关：一是矿床底板基岩发育程度及风化程度；二是稀土资源开发利用“三率”及生产用水循环利用率指标要求；三是符合国家和稀土行业相关污染物直接排放限值等环保指标要求，以避免计算矿区农作物、人群健康等损失。

（1）矿床勘查类型及基岩发育程度划分。

《稀土矿产地质勘查规范》（DZ/T 0204—2002）依据以下五个地质因素类型系数加和对稀土矿床勘查类型进行分类：

①矿体延展规模；

②形态复杂程度；

③矿化连续性（或构造影响程度）；

④厚度稳定程度；

⑤稀土组分分布均匀程度。

按照以上五个地质因素类型系数加和（$K_f$）进行分类，则有：

①当 $2.6 \leq K_f \leq 3.0$ 时，稀土矿床为简单类型。矿体表征为规模大，形态比较简单，断层及脉岩等对矿体几乎没有影响，稀土组分分布较均匀或均匀。

②当 $1.8 \leq K_f \leq 2.5$ 时，稀土矿床为中等类型。矿体表征为规模中大，形态比较简单，断层及脉岩等对矿体影响较明显，有时存在断层破坏矿体的现象，稀土组分分布较均匀或均匀。

③当 $0 < K_f < 1.8$ 时，稀土矿床为复杂类型。矿体表征为规模小，形态从简单到复杂，断层及脉岩等对矿体影响明显，经常存在断层破坏矿体的现象，稀土组分分布从均匀到不均匀。

此外，节理裂隙发育程度依据一定面积内裂隙所在面积的比例（裂隙率 $Kr$）进行划分，即：当 $K_f \leq 2\%$ 时，节理裂隙发育程度为弱；当 $2\% < K_f \leq 8\%$ 时，节理裂隙发育程度为中等；当 $8\% < K_f$ 时，节理裂隙发育程度为强。

（2）岩体完整程度及岩石风化程度分类。

①岩体完整程度分类。

《岩土工程勘察规范》（GB 50021—2001）（2009 年版）对岩体完整程度及岩石风化程度作了具体分类，如表 5-2 和表 5-3 所示。

表 5-2 岩体完整程度的定性分类

| 完整程度 | 结构面发育程度 | | 主要结构面的结合程度 | 主要结构面类型 | 相应结构类型 |
|---|---|---|---|---|---|
| | 组数（组） | 平均间距（米） | | | |
| 完整 | 1~2 | >1.0 | 结合好或结合一般 | 裂隙层面 | 整体状或巨厚层状结构 |
| 较完整 | 1~2 | >1.0 | 结合差 | 裂隙层面 | 块状或厚层状结构 |
| | 2~3 | 1.0~0.4 | 结合好或结合一般 | 裂隙层面 | 块状结构 |
| 较破碎 | 2~3 | 1.0~0.4 | 结合差 | 裂隙层面 | 裂隙块状或中厚层状结构 |
| | ≥3 | 0.4~0.2 | 结合好或结合一般 | 小断层 | 镶嵌碎裂结构中薄层状结构 |

续表

| 完整程度 | 结构面发育程度 | | 主要结构面的结合程度 | 主要结构面类型 | 相应结构类型 |
|---|---|---|---|---|---|
| | 组数（组） | 平均间距（米） | | | |
| 破碎 | ≥3 | 0.4～0.2 | 结合差 | 各种类型结构面 | 裂隙块状结构 |
| | | ≤0.2 | 结合一般或结合差 | 各种类型结构面 | 碎裂状结构 |
| 结合很差 | 无序 | — | 结合很差 | — | 散体状结构 |

资料来源：根据《岩土工程勘察规范》整理而得。

**表5-3　岩石按风化程度分类**

| 风化程度 | 野外特征 | 风化程度参数指标 | |
|---|---|---|---|
| | | 波速比（$K_v$） | 风化系数（$K_f$） |
| 未风化 | 岩质较新鲜，风化痕迹较少 | 0.9～1.0 | 0.9～1.0 |
| 微风化 | 结构基本没有变化，节理面有渲染或略有变色，风化裂隙较少 | 0.8～0.9 | 0.8～0.9 |
| 中等风化 | 结构破坏少量，次生矿物附着在沿节理面上，风化裂隙发育较好，岩体呈岩块状，须用岩芯钻才可钻进 | 0.6～0.8 | 0.4～0.8 |
| 强风化 | 结构大量破坏，风化裂隙很发育，岩体破碎，可用镐挖，用干钻较难钻进 | 0.4～0.6 | <0.4 |
| 全风化 | 结构几乎破坏，但仍可辨认，残余结构强度，可镐或干钻均可挖或钻进 | 0.2～0.4 | — |
| 残积土 | 结构全部破坏，并且风化成土状，使用锹镐容易挖掘，干钻钻进较容易 | <0.2 | — |

资料来源：根据《岩土工程勘察规范》整理而得。

②岩石风化程度分类。

岩石风化程度，可以按照当地的经验进行划分，对于花岗岩类岩石来说，可采用标准贯入试验结果进行划分：当 $N<30$ 时，岩石风化为残

积土；当 $30 \leqslant N < 50$ 时，岩石风化为全风化；当 $50 \leqslant N$ 时，岩石风化为强风化。

此外，岩石风化程度还可以按照野外特征和风化程度指标进行分类，如表 5－3 所示。

表 5－3 中，波速比（$K_v$）和风化系数（$K_f$）可分别按以下表达式计算：

$$K_v = 风化岩石压缩波速度 \div 新鲜岩石压缩波速度$$

$$K_f = 风化岩石饱和单轴抗压强度 \div 新鲜岩石饱和单轴抗压强度$$

因本书第 2 章已探讨过离子型稀土矿矿体自上而下较明显地分为腐殖层（含残坡积层）、全风化层、半风化层以及基岩，而且稀土主要赋存在全风化层，因此，在研究母液渗漏防治费时不考虑基岩的风化程度。

（3）稀土资源开发利用“三率”及生产用水循环利用率指标。

2013 年 12 月，国土资源部发布了《稀土资源合理开发利用“三率”最低指标要求（试行）》的公告，其中，对于离子型稀土矿来说，采用堆浸开采工艺，其开采回采率≥87%（按浸出相计算）、≥70%（按全相计算）；采用原地浸矿开采工艺，其开采回采率≥84%（按浸出相计算）、≥67%（按全相计算）；离子型稀土选矿回收率≥90%。

另外，2012 年 8 月，工业和信息化部出台的《稀土行业准入条件》对离子型稀土采选综合回收率和生产用水循环利用率有具体要求，即：采选综合回收率≥75%，水循环利用率≥90%。

（4）矿山开采污染物排放限值要求。

《稀土工业污染物排放标准》（GB 26451—2011）对稀土工业企业的废水和废气排放的限值、监测和监控要求等有明确规定，尽管该标准不含开采环节的污染物排放限值，但是，考虑到稀土工业企业污染物排放标准一般高于矿山开采污染物排放标准，因此，本书参照《稀土工业污染物排放标准》（GB 26451—2011）污染物限量标准倒推母液渗漏防治成本，如表 5－4 所示。

**表 5－4　新建企业水污染排放浓度限制及单位产品基准排水量**　　单位：毫克/升（pH 除外）

<table>
<tr><th>序号</th><th colspan="2">污染物项目</th><th>直接排放限值</th><th>污染物排放监控位置</th></tr>
<tr><td>1</td><td colspan="2">pH</td><td>6～9</td><td rowspan="9">企业废水总排放口</td></tr>
<tr><td>2</td><td colspan="2">悬浮物</td><td>50</td></tr>
<tr><td>3</td><td colspan="2">氟化物（以 F 算）</td><td>8</td></tr>
<tr><td>4</td><td colspan="2">石油类</td><td>4</td></tr>
<tr><td>5</td><td colspan="2">化学需氧量（COD）</td><td>70</td></tr>
<tr><td>6</td><td colspan="2">总磷</td><td>1</td></tr>
<tr><td>7</td><td colspan="2">总氮</td><td>30</td></tr>
<tr><td>8</td><td colspan="2">氨氮</td><td>15</td></tr>
<tr><td>9</td><td colspan="2">总锌</td><td>1.0</td></tr>
<tr><td>10</td><td colspan="2">钍、铀总量</td><td>0.1</td><td rowspan="6">车间或生产设施废水排放口</td></tr>
<tr><td>11</td><td colspan="2">总镉</td><td>0.05</td></tr>
<tr><td>12</td><td colspan="2">总铅</td><td>0.2</td></tr>
<tr><td>13</td><td colspan="2">总砷</td><td>0.1</td></tr>
<tr><td>14</td><td colspan="2">总铬</td><td>0.8</td></tr>
<tr><td>15</td><td colspan="2">六价铬</td><td>0.1</td></tr>
<tr><td rowspan="4">单位产品基准排水量</td><td>选矿</td><td>立方米/吨－原矿</td><td>0.8</td><td rowspan="4">排水量计量位置与污染物排放监控位置相同</td></tr>
<tr><td>分解提取</td><td>立方米/吨－REO</td><td>25</td></tr>
<tr><td>萃取分组、分离</td><td>立方米/吨－REO</td><td>30</td></tr>
<tr><td>金属及合金制取</td><td>立方米/吨－产品</td><td>6</td></tr>
</table>

资料来源：根据《稀土工业污染物排放标准》（GB 26451—2011）整理而得。

#### 5.2.3.2　原地浸矿工艺注液－收液系统技术参数

（1）注液网孔（井）布设。

注液孔（井）的一般布设参数为：孔（井）深为见矿 0.5～1 米；注液孔孔径 Φ 0.15～0.3 米，注液井井径 Φ 0.5～0.8 米。注液孔一般采用 DE25 型 PVC 管，根据表土层厚度确定 PVC 管的长度，然后将 PVC 管钻成带小孔的花管插至注液孔孔底，管壁至孔壁之间用材料（如棘草）充填。注液孔（井）采用菱形布置，具体网度布置要考虑山体坡度等因素，以尽可能减少注液盲区。注液网孔（井）布设的一般技术参数如表 5－5 所示（中国国家标准化管理委员会，2014）。

**表 5－5　　注液网孔（井）布设基本技术参数**

| 坡度（$\theta$） | 网度 | |
|---|---|---|
| | 注液孔（排距×孔距） | 注液井（排距×井距） |
| <15° | （1.0～2.0）米×（1.0～2.0）米 | （1.5～3.0）米×（1.5～3.0）米 |
| 15°≤$\theta$≤30° | （1.5～3.0）米×（1.5～3.0）米 | （2.5～4.0）米×（2.5～4.0）米 |
| >30° | （2.5～3.0）米×（2.5～3.0）米或不布置 | （3.5～5.0）米×（3.5～5.0）米或不布置 |

资料来源：根据《离子型稀土矿原地浸出开采技术规范（报批稿）》整理而得。

（2）收液系统布置基本参数。

①裸脚式稀土矿：集液沟宽度一般为 1 米左右，深度以挖到基岩为准；在集液沟上部适当位置布置导流孔，导流孔一般平行布置，孔间距一般为 1 米左右，孔深以达到弱风化层为准。

②全覆式稀土矿：集液巷道通常平行布置，间距通常为 15～20 米。集液巷道等腰梯形断面参数通常为：上底 0.8～1.0 米，下底 1.0～1.3 米，高 1.85 米，巷道坡度为 3°～5°。垂直集液巷道边壁布置导流孔，间距为 3～5 个/米，分上下两排交错布置，导流孔深度为 8～12 米。主集液巷道通常平行布置，间距通常为 15～20 米（国家环保总局，2003）。

#### 5.2.3.3　母液渗漏防治费的估算

综合考虑《稀土资源合理开发利用“三率”最低指标要求（试行）》及《稀土行业准入条件》规定，本书以原地浸矿开采离子型稀土的开采回采率定为84%（浸出相）、选矿回收率为90%、生产用水循环利用率为90%以及母液渗漏排放符合直排限制等指标作为母液渗漏防治费估算的基础，综合考虑矿床基岩完整程度（如表5－2所示）、稀土资源开发利用“三率”及生产用水循环利用率指标、国家和稀土行业相关污染物直接排放限值等环保指标等要求，以井巷工程费为计算基数估算母液渗漏防治费，具体估算将结合本书第7章“离子型稀土矿开采决策模型在A稀土矿的应用”加以说明。

## 5.2.4 污水排放费计算

### 5.2.4.1 污水排放标准

《稀土工业污染物排放标准》（GB 26451—2011）尽管规定了稀土工业企业废水和废气排放的限制，然而，该标准不适用于采用堆浸或原地浸矿工艺开采稀土的情况。为此，本书参照《第一次全国污染源普查工业污染源产排污系数手册（第一分册）》中相关稀土金属矿采选行业的产污系数以及排污系数的规定，对污染物产生量和排放量进行核算（如表5－6所示）。

表5－6　稀土金属矿采选行业产排污系数

| 产品名称 | 原料名称 | 工艺名称 | 规模等级 | 污染物指标 | 单位 | 产污系数 | 末端治理技术名称 | 排污系数 |
|---|---|---|---|---|---|---|---|---|
| 离子型稀土精矿（92% REO） | 离子型稀土矿脉 | 原位浸出 | 所有规模 | 工业废水量 | 立方米/吨－产品 | 750.0 | 循环利用 | 230.0[a] |
| | | | | 化学需氧量 | 克/吨－产品 | 98250 | 化学沉淀法 | 36.0[b] |
| | | | | 氨氮 | 克/吨－产品 | 913 | 化学沉淀法 | 320.0[b] |

注：a. 废水循环利用；b. 如果原矿中砷的含量小于0.01%，则砷的产排污系数按“0”计算。

资料来源：根据《第一次全国污染源普查工业污染源产排污系数手册（第一分册）》整理而得。

离子型稀土矿的废水指在离子型稀土浸出后在稀土沉淀分离时产生的废水，因原地浸出中流失的废水无法收集，故不体现原地浸矿情形。但是，赣州市出台了相关文件，规定离子型稀土矿原地浸矿开采排污费按生产出的混合稀土氧化物的产量进行征收，排污费包括工业废水、化学需氧量、氨氮含量等，具体标准为1000 元/吨混合稀土氧化物。

#### 5.2.4.2 污水排污费计算依据的排污数据

由于目前没有离子型稀土矿堆浸工艺条件下排污费计算标准，因此，根据我国《排污费征收标准管理办法》的规定，在计算一般污染物的污水排污费时：首先，计算每种污染物的排放量；其次，计算该污染物的污染当量数；最后，依据污染当量数、排污收费征收标准以及排污费计征原则等计算排污费（王洪利和冯玉强，2005）。

（1）污染物排放量计算。

$$\begin{matrix}\text{某排污口每种污染物的排放量}\\ \text{（千克/月或千克/季度）}\end{matrix} = \frac{\begin{matrix}\text{污水排放量（吨/月或吨/季度）}\\ \times\text{污染物排放浓度（毫克/升）}\end{matrix}}{1000} \tag{5-23}$$

（2）排污当量数计算。

①一般水污染物的污染当量数计算为：

$$\begin{matrix}\text{某排污口某种污染物的}\\ \text{污染当量数（月或季度）}\end{matrix} = \frac{\text{某污染物的排放量（千克/月或千克/季度）}}{\text{某污染物的污染当量值（千克）}} \tag{5-24}$$

污染物（污水）当量值，如表 5 -7 至表 5 -9 所示。

表 5 -7　　第一类水污染物污染当量值

| 序号 | 污染物 | 污染当量值（千克） |
|---|---|---|
| 1 | 总汞 | 0.0005 |

续表

| 序号 | 污染物 | 污染当量值（千克） |
|---|---|---|
| 2 | 总镉 | 0.005 |
| 3 | 总铬 | 0.04 |
| 4 | 六价铬 | 0.02 |
| 5 | 总砷 | 0.02 |
| 6 | 总铅 | 0.025 |

资料来源：根据《污水综合排放标准》（GB 8978—1996）等资料整理得到。

**表 5－8　　第二类污染物污染当量值**

| 序号 | 污染物 | 污染当量值（千克） |
|---|---|---|
| 1 | 悬浮物（SS） | 4 |
| 2 | 生化需氧量（$BOD_5$） | 0.5 |
| 3 | 化学需氧量（COD） | 1 |
| 4 | 硫化物 | 0.125 |
| 5 | 氨氮 | 0.8 |
| 6 | 总磷 | 0.25 |

资料来源：根据《污水综合排放标准》（GB 8978—1996）等资料整理得到。

**表 5－9　　pH 值污染当量值**

| 序号 | 污染物 pH 值 | 污染当量值（吨） |
|---|---|---|
| 1 | [0，1)，(13，14] | 0.06 |
| 2 | [1，2)，(12，13] | 0.125 |
| 3 | [2，3)，(11，12] | 0.25 |
| 4 | [3，4)，(10，11] | 0.5 |

续表

| 序号 | 污染物 pH 值 | 污染当量值（吨） |
| --- | --- | --- |
| 5 | [4，5)，(9，10] | 1 |
| 6 | [5，6) | 5 |

资料来源：根据《污水综合排放标准》（GB 8978—1996）等资料整理得到。

其中，表 5－7 和表 5－8 中的污染物分类根据《污水综合排放标准》（GB 8978—1996）及其他行业标准。

②pH 值污染当量数计算。

$$\text{某排污口该污染物的污染当量数（月或季度）}=\frac{\text{污水排放量（吨/月或吨/季度）}}{\text{某污染物的污染当量值（吨）}}$$

（3）污水排污收费计算。

根据污水排污收费计征原则，污水排污费计算方法应按以下方法和步骤进行。

①计算污染物排放量。

依据污水浓度和污水排放量，计算水污染排放量：

$$\text{某污染物的排放量（千克/月或千克/季度）}=\frac{\text{污水排放量（吨/月或吨/季度）}\times\text{某污染物的排放浓度（毫克/升）}}{1000}$$

②计算污染物当量数。

依据“第一类、第二类水污染物污染当量值”以及“pH 值、大肠菌群数等”计算水污染当量数。对于一般污染物和 pH 值的污染当量数须根据其性质不同分别计算。

③确定收费因子。

首先，按照水污染当量数从大到小进行顺序（限三项），当遇到化学需氧量、生化需氧量以及总有机碳三种污染物时，须选择其中污染当量数最大的一项污染物参与排序；然后，根据超标翻倍征收超标排污费的原则，计算污水超标准排污费。

# 5.3 确定性条件下离子型稀土矿开采工艺决策模型

## 5.3.1 离子型稀土矿原地浸矿开采经济净现值率决策模型

### 5.3.1.1 矿山开采生态自我修复条件下经济净现值率模型

（1）矿山开采生态自我修复条件下项目投资经济效益和费用流量表。

为更好体现项目投资经济效益和费用流量表包含的类目，借助项目净现金流量表体现，如表5-10所示。

表5-10 矿山生态自我修复条件下投资经济效益和费用流量表

| 序号 | 项目 | 合计 | 计算期（年） | | | | | | | | |
|---|---|---|---|---|---|---|---|---|---|---|---|
| | | | 基建期 | 原地浸出期 | | | 采后生态植被恢复期 | | | | |
| | | | 1 | 2 | 3 | 4 | 5 | 6 | 7 | 8 | 9 |
| 1 | 效益流量 | | | | | | | | | | |
| 1.1 | 混合稀土氧化物销售收入 | | | | | | | | | | |
| 1.2 | 回收固定资产余值 | | | | | | | | | | |
| 1.3 | 回收流动资金 | | | | | | | | | | |
| 2 | 费用流量 | | | | | | | | | | |
| 2.1 | 建设投资 | | | | | | | | | | |
| | 其中：井巷工程费 | | | | | | | | | | |
| 2.2 | 流动资金 | | | | | | | | | | |

续表

| 序号 | 项目 | 合计 | 计算期（年） | | | | | | | | |
|---|---|---|---|---|---|---|---|---|---|---|---|
| | | | 基建期 | 原地浸出期 | | | 采后生态植被恢复期 | | | | |
| | | | 1 | 2 | 3 | 4 | 5 | 6 | 7 | 8 | 9 |
| 2.3 | 经营费用 | | | | | | | | | | |
| 2.4 | 森林生态系统服务功能价值补偿费 | | | | | | | | | | |
| 2.5 | 水土保持设施补偿及水土流失防治费 | | | | | | | | | | |
| 2.6 | 排污费 | | | | | | | | | | |
| 2.7 | 母液渗漏防治费 | | | | | | | | | | |
| 3 | 净效益流量（1－2） | | | | | | | | | | |

资料来源：根据《建设项目经济评价方法与参数（第三版）》整理并运用得到。

（2）矿山开采生态自我修复条件下项目投资经济效益和费用流量。

基于表 5－10 并结合离子型稀土矿开采实际，根据原地浸矿工艺条件下的离子型稀土矿开采效益流入及费用流出发生的时点绘制矿山开采生态自我修复条件下项目投资经济效益和费用流量图，如图 5－1 所示。

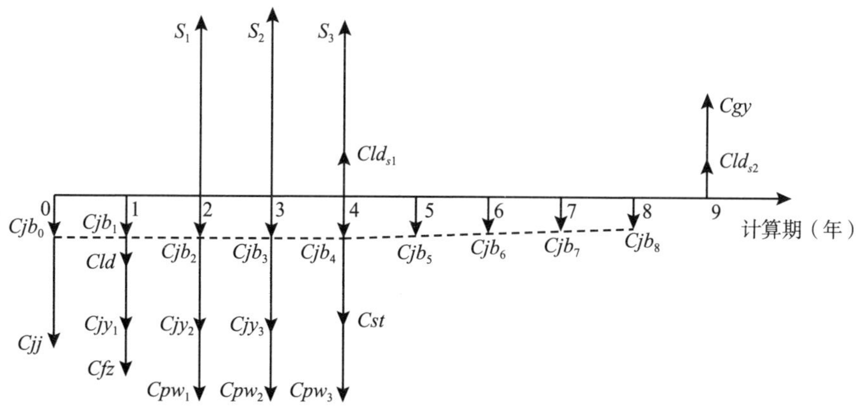


**图 5－1　矿山开采生态自我修复条件下项目投资经济效益和费用流量图**

资料来源：根据邹国良（2016）文献资料整理而得。

图5-1中：

$Cjb_m$（$m=0$，1，2，…，8）表示森林生态系统服务功能价值补偿费，包括提供产品、调节、文化等功能价值，以补偿因矿山地表布置注液孔（井）等造成的森林损失。森林生态服务价值补偿费用流出发生在第1年至第9年每年年初，由于第4年年末矿山开采结束，因此，第1年到第5年每年年初森林生态服务价值补偿费相等，第6年至第9年每年年初森林生态服务价值补偿费逐年递减。

$Cjj$ 表示矿山基本建设投资，包括工程费用、工程建设其他费用以及预备费。其中，工程费用包括建筑工程费、安装工程费、设备及器具购置，预备费包括基本预备费和涨价预备费。费用流出发生在第1年年初。

$Cld$ 表示开采流动资金，一般地，费用流出发生在原地浸矿期第2年年初。

$Cjy_g$（$g=1$，2，3）表示经营费用，费用流出发生在第1年至第3年每年年初。

$Cst$ 表示水土保持设施补偿及水土流失防治费，发生在原地浸出结束时，即第4年年末。尽管第5年至第8年每年年末还将发生水土保持设施补偿及水土流失防治费，但考虑该费用主要发生在第4年年末，为研究方便，将费用流出只发生在第4年年末。

$Cpw_t$（$t=1$，2，3）表示排污费，费用流出发生在第2年至第4年每年年末。

$Cfz$ 表示母液渗漏防治费，通过井巷工程防渗处理，以使污染排放量控制在一定范围之内，费用流出发生在建设期第1年年末。

$Cgy$ 表示回收固定资产余值，效益流入发生在第9年年末。

$Cld_{sk}$（$k=1$，2）表示回收流动资金，效益流入发生在第4年和第9年年末。

$S_1$ 表示第1年混合稀土氧化物销售收入，效益流入发生在第1年年末。

$S_2$ 表示第2年混合稀土氧化物销售收入，效益流入发生在第2年年末。

$S_3$ 表示第3年混合稀土氧化物销售收入，效益流入发生在第3年年末。

（3）矿山开采生态自我修复条件下项目投资净现值率模型。

令社会折现率 $i_s=i_0$，则有经济净现值 $ENPV$：

$$ENPV = -(Cjb_o + Cjj) - \frac{(Cjb_1 + Cld + Cjy_1 + Cfz)}{(1+i_0)} + \frac{(S_1 - Cjb_2 - Cjy_2 - Cpw_1)}{(1+i_0)^2} + \frac{(S_2 - Cjb_3 - Cjy_3 - Cpw_2)}{(1+i_0)^3} + \frac{(S_3 + Cld_{s1} - Cjb_4 - Cst - Cpw_3)}{(1+i_0)^4} - \frac{Cjb_5}{(1+i_0)^5} - \frac{Cjb_6}{(1+i_0)^6} - \frac{Cjb_7}{(1+i_0)^7} - \frac{Cjb_8}{(1+i_0)^8} + \frac{(Cgy + Cld_{s2})}{(1+i_0)^9} \tag{5-25}$$

此外，全部投资的现值 $I_p$ 表达式如下：

$$I_p = (Cjb_o + Cjj) + \frac{(Cjb_1 + Cld + Cjy_1 + Cfz)}{(1+i_0)} + \frac{(Cjb_2 + Cjy_2 + Cpw_1)}{(1+i_0)^2} + \frac{(Cjb_3 + Cjy_3 + Cpw_2)}{(1+i_0)^3} + \frac{(Cjb_4 + Cst + Cpw_3)}{(1+i_0)^4} + \frac{Cjb_5}{(1+i_0)^5} + \frac{Cjb_6}{(1+i_0)^6} + \frac{Cjb_7}{(1+i_0)^7} + \frac{Cjb_8}{(1+i_0)^8} \tag{5-26}$$

从而得到，净现值率 $ENPVR_1 = \frac{ENPV}{I_p}$。

#### 5.3.1.2 矿山开采人工生态修复条件下经济净现值率模型

（1）矿山开采人工生态修复条件下项目投资经济效益和费用流量表。

人工生态修复条件下项目投资经济效益和费用流量表与生态自我修复条件下比较，差异在于费用流量增加了“森林植被恢复费”，如表 5－11 所示。

**表 5－11　矿山生态人工修复条件下投资经济效益和费用流量表**

| 序号 | 项目 | 合计 | 计算期（年） | | | | | | | | |
|---|---|---|---|---|---|---|---|---|---|---|---|
| | | | 基建期 | 原地浸出期 | | | 采后生态植被恢复期 | | | | |
| | | | 1 | 2 | 3 | 4 | 5 | 6 | 7 | 8 | 9 |
| 1 | 效益流量 | | | | | | | | | | |
| 1.1 | 混合稀土氧化物销售收入 | | | | | | | | | | |

续表

| 序号 | 项目 | 合计 | 计算期（年） | | | | | | | | |
|---|---|---|---|---|---|---|---|---|---|---|---|
| | | | 基建期 | 原地浸出期 | | | 采后生态植被恢复期 | | | | |
| | | | 1 | 2 | 3 | 4 | 5 | 6 | 7 | 8 | 9 |
| 1.2 | 回收固定资产余值 | | | | | | | | | | |
| 1.3 | 回收流动资金 | | | | | | | | | | |
| 2 | 费用流量 | | | | | | | | | | |
| 2.1 | 建设投资 | | | | | | | | | | |
| | 其中：井巷工程费 | | | | | | | | | | |
| 2.2 | 流动资金 | | | | | | | | | | |
| 2.3 | 经营费用 | | | | | | | | | | |
| 2.4 | 森林生态系统服务功能价值补偿费 | | | | | | | | | | |
| 2.5 | 森林植被恢复费 | | | | | | | | | | |
| 2.6 | 水土保持设施补偿及水土流失防治费 | | | | | | | | | | |
| 2.7 | 排污费 | | | | | | | | | | |
| 2.8 | 母液渗漏防治费 | | | | | | | | | | |
| 3 | 净效益流量（1－2） | | | | | | | | | | |

资料来源：根据《建设项目经济评价方法与参数（第三版）》整理并运用得到。

（2）矿山开采生态人工修复条件下项目投资经济效益和费用流量。

基于表5－11并结合离子型稀土矿开采实际，根据原地浸矿工艺条件下的离子型稀土矿开采效益流入及费用流出发生的时点绘制矿山开采生态人工修复条件下项目投资经济效益和费用流量，如图5－2所示。

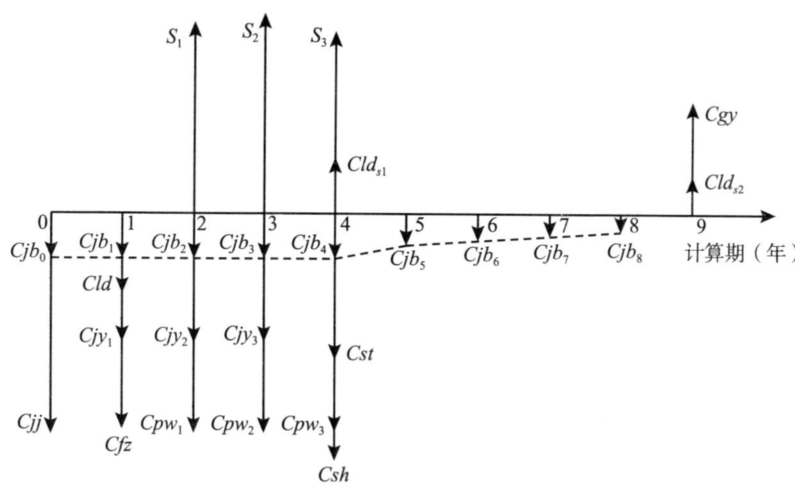


**图 5－2　矿山开采生态人工修复条件下项目投资经济效益和费用流量**

资料来源：根据邹国良（2016）文献资料整理而得。

图 5－2 中：

$Cjb_m$（$m=0$，1，2，…，8）表示森林生态系统服务功能价值补偿费，包括提供产品、调节、文化等功能价值，以补偿因矿山地表布置注液孔（井）等造成的森林损失。森林生态服务价值补偿费用流出发生在第 1 年至第 9 年每年年初，由于第 4 年年末矿山开采结束，因此，第 1 年到第 5 年每年年初森林生态服务价值补偿费相等，第 6 年至第 9 年每年年初森林生态服务价值补偿费逐年递减。

*Cjj* 表示矿山基本建设投资，包括工程费用、工程建设其他费用以及预备费。其中，工程费用包括建筑工程费、安装工程费、设备及器具购置，预备费包括基本预备费和涨价预备费。费用流出发生在第 1 年年初。

*Cld* 表示开采流动资金，一般地，费用流出发生在原地浸矿期第 2 年年初。

$Cjy_g$（$g=1$，2，3）表示经营费用，费用流出发生在第 1 年至第 3 年每年年初。

*Cst* 表示水土保持设施补偿及水土流失防治费，发生在原地浸出结束

时，即第4年年末。尽管第5年至第8年每年年末还将发生水土保持设施补偿及水土流失防治费，但考虑该费用主要发生在第4年年末，为研究方便，将费用流出发生在第4年年末。

$Cpw_t(t=1, 2, 3)$ 表示排污费，费用流出发生在第2年至第4年每年年末。

$Cfz$ 表示母液渗漏防治费，通过井巷工程防渗处理，以使污染排放量控制在一定范围之内，费用流出发生在建设期第1年年末。

$Csh$ 表示森林植被恢复费，费用流出发生在第4年年末。

$Cgy$ 表示回收固定资产余值，效益流入发生在第9年年末。

$Cld_{sk}(k=1, 2)$ 表示回收流动资金，效益流入发生在第4年和第9年年末。

$S_1$ 表示第1年混合稀土氧化物销售收入，效益流入发生在第1年年末。

$S_2$ 表示第2年混合稀土氧化物销售收入，效益流入发生在第2年年末。

$S_3$ 表示第3年混合稀土氧化物销售收入，效益流入发生在第3年年末。

（3）矿山开采生态自我修复条件下项目投资经济净现值率模型。

令社会折现率 $i_s=i_0$，则有经济净现值 $ENPV$：

$$ENPV = -(Cjb_o + Cjj) - \frac{(Cjb_1 + Cld + Cjy_1 + Cfz)}{(1+i_0)} + \frac{(S_1 - Cjb_2 - Cjy_2 - Cpw_1)}{(1+i_0)^2} + \frac{(S_2 - Cjb_3 - Cjy_3 - Cpw_2)}{(1+i_0)^3} + \frac{(S_3 + Cld_{s1} - Cjb_4 - Cst - Cpw_3 - Csh)}{(1+i_0)^4} - \frac{Cjb_5}{(1+i_0)^5} - \frac{Cjb_6}{(1+i_0)^6} - \frac{Cjb_7}{(1+i_0)^7} - \frac{Cjb_8}{(1+i_0)^8} + \frac{(Cgy + Cld_{s2})}{(1+i_0)^9} \tag{5-27}$$

此外，全部投资的现值 $I_p$ 表达式如下：

$$I_p = (Cjb_o + Cjj) + \frac{(Cjb_1 + Cld + Cjy_1 + Cfz)}{(1+i_0)} + \frac{(Cjb_2 + Cjy_2 + Cpw_1)}{(1+i_0)^2} + \frac{(Cjb_3 + Cjy_3 + Cpw_2)}{(1+i_0)^3} + \frac{(Cjb_4 + Cst + Cpw_3 + Csh)}{(1+i_0)^4} + \frac{Cjb_5}{(1+i_0)^5}$$

$$+\frac{Cjb_6}{(1+i_0)^6}+\frac{Cjb_7}{(1+i_0)^7}+\frac{Cjb_8}{(1+i_0)^8} \tag{5-28}$$

从而得到，净现值率 $ENPVR_2=\frac{ENPV}{I_p}$。

### 5.3.2 离子型稀土矿堆浸开采经济净现值率决策模型

#### 5.3.2.1 矿山堆浸开采项目投资经济效益和费用流量表

相比原地浸矿工艺条件下项目投资经济效益和费用流量表，矿山堆浸开采项目投资经济效益和费用流量表中，没有“母液渗漏防治费”内容。为体现效益流入、费用流出等包含的类目，其项目投资经济效益和费用流量表如表 5－12 所示。

**表 5－12　　矿山堆浸开采条件下投资经济效益和费用流量表**

| 序号 | 项目 | 合计 | 计算期（年） | | | | | | | | |
|---|---|---|---|---|---|---|---|---|---|---|---|
| | | | 基建期 | 原地浸出期 | | | 采后生态植被恢复期 | | | | |
| | | | 1 | 2 | 3 | 4 | 5 | 6 | 7 | 8 | 9 |
| 1 | 效益流量 | | | | | | | | | | |
| 1.1 | 混合稀土氧化物销售收入 | | | | | | | | | | |
| 1.2 | 回收固定资产余值 | | | | | | | | | | |
| 1.3 | 回收流动资金 | | | | | | | | | | |
| 2 | 费用流量 | | | | | | | | | | |
| 2.1 | 建设投资 | | | | | | | | | | |
| 2.2 | 流动资金 | | | | | | | | | | |
| 2.3 | 经营费用 | | | | | | | | | | |
| 2.4 | 森林生态系统服务功能价值补偿费 | | | | | | | | | | |
| 2.5 | 森林植被恢复费 | | | | | | | | | | |

续表

| 序号 | 项目 | 合计 | 计算期（年） | | | | | | | | |
|---|---|---|---|---|---|---|---|---|---|---|---|
| | | | 基建期 | 原地浸出期 | | | 采后生态植被恢复期 | | | | |
| | | | 1 | 2 | 3 | 4 | 5 | 6 | 7 | 8 | 9 |
| 2.6 | 水土保持设施补偿及水土流失防治费 | | | | | | | | | | |
| 2.7 | 排污费 | | | | | | | | | | |
| 3 | 净效益流量（1－2） | | | | | | | | | | |

资料来源：根据《建设项目经济评价方法与参数（第三版）》整理并运用得到。

#### 5.3.2.2 离子型稀土矿堆浸开采经济效益和费用流量

基于表5－12并结合离子型稀土矿开采实际，根据堆浸工艺条件下的离子型稀土矿开采现金流入及现金流出发生的时间绘制堆浸开采条件下项目投资效益费用流量，如图5－3所示。

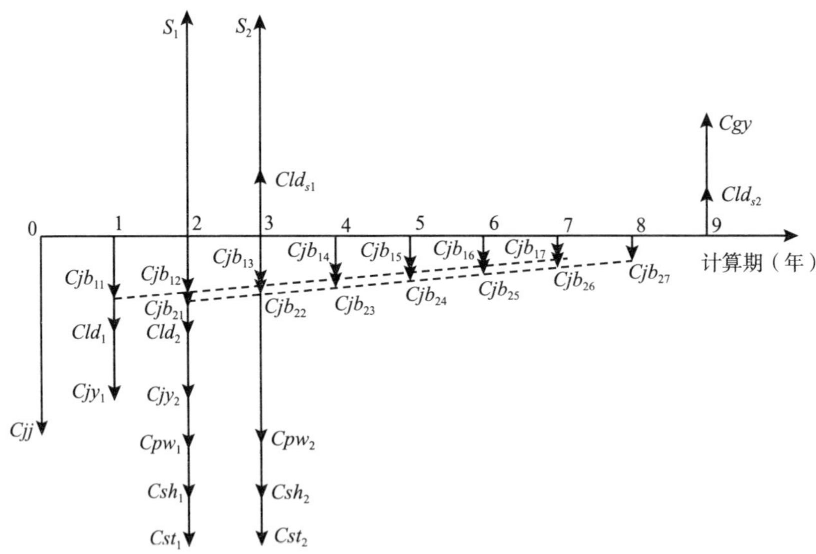


**图5－3 矿山堆浸开采条件下项目投资经济效益和费用流量**

资料来源：根据邹国良（2016）文献资料整理而得。

图 5－3 中：

$Cjb_{1m}$（$m=1$，2，…，7）表示森林生态系统服务功能价值补偿，包括森林涵养水源、保育土壤、固碳释放、积累营养物质、净化大气环境、森林防护、生物多样性保护以及森林游憩等八个方面（国家林业局，2008）。如第 5.1.5.1 小节“计算期”所述，开采（浸出）分两个阶段，边开采边生态恢复，因此，森林生态系统服务功能价值补偿按第一阶段费用流出发生在第 2 年至第 8 年每年年初，其间森林生态系统服务功能价值补偿费逐年递减。

$Cjb_{2n}$（$n=1$，2，…，7）表示森林生态系统服务价值补偿，包括提供产品、调节、文化等功能价值，以补偿因矿山地表剥离造成的森林损失。森林生态系统服务价值补偿第二阶段费用流出发生在第 3 年至第 9 年每年年初，其间森林生态服务价值补偿费逐年递减。

$Cjj$ 表示矿山基本建设投资，包括工程费用、工程建设其他费用以及预备费。其中，工程费用包括建筑工程费、安装工程费、设备及器具购置，预备费包括基本预备费和涨价预备费。费用流出发生在第 1 年年初。

$Cld_n$（$n=1$，2）表示开采流动资金，费用流出发生在堆浸期第 2 年至第 3 年每年年初。

$Csh_x$（$x=1$，2）表示森林植被恢复费，费用流出发生在第 2 年及第 3 年年末。

$Cjy_g$（$g=1$，2）表示经营费用，费用流出发生在第 2 年及第 3 年年初。

$Cst_y$（$y=1$，2）表示水土保持设施补偿费及水土流失防治费，根据堆浸生产阶段，费用流出发生在第 2 年及第 3 年年末。

$Cpw_t$（$t=1$，2）表示排污费，费用流出发生在第 2 年及第 3 年年末。

$Cgy$ 表示回收固定资产余值，效益流入发生在第 9 年年末。

$Cld_{sk}$（$k=1$，2）表示回收流动资金，效益流入发生在第 3 年和第 9 年年末。

$S_1$ 表示第 1 年混合稀土氧化物销售收入，效益流入发生在第 1 年年末。

$S_2$ 表示第 2 年混合稀土氧化物销售收入，效益流入发生在第 2 年年末。

#### 5.3.2.3 矿山堆浸开采项目投资经济净现值率模型

令社会折现率 $i_s = i_0$，则有经济净现值 $ENPV$：

$$ENPV = -Cjj - \frac{(Cjb_{11} + Cld_1 + Cjy_1)}{(1+i_0)} + \frac{(S_1 - Cjb_{12} - Cjb_{21} - Cld_2 - Cjy_2 - Cpw_1 - Csh_1 - Cst_1)}{(1+i_0)^2} + \frac{(S_2 + Cld_{s1} - Cjb_{13} - Cjb_{22} - Cpw_2 - Csh_2 - Cst_2)}{(1+i_0)^3} - \frac{(Cjb_{14} + Cjb_{23})}{(1+i_0)^4} - \frac{(Cjb_{15} + Cjb_{24})}{(1+i_0)^5} - \frac{(Cjb_{16} + Cjb_{25})}{(1+i_0)^6} - \frac{(Cjb_{17} + Cjb_{26})}{(1+i_0)^7} - \frac{Cjb_{27}}{(1+i_0)^8} + \frac{(Cgy + Cld_{s2})}{(1+i_0)^9} \quad (5-29)$$

此外，全部投资的现值 $I_p$ 表达式如下：

$$I_p = Cjj + \frac{(Cjb_{11} + Cld_1 + Cjy_1)}{(1+i_0)} + \frac{(Cjb_{12} + Cjb_{21} + Cld_2 + Cjy_2 + Cpw_1 + Csh_1 + Cst_1)}{(1+i_0)^2} + \frac{(Cjb_{13} + Cjb_{22} + Cpw_2 + Csh_2 + Cst_2)}{(1+i_0)^3} + \frac{(Cjb_{14} + Cjb_{23})}{(1+i_0)^4} + \frac{(Cjb_{15} + Cjb_{24})}{(1+i_0)^5} + \frac{(Cjb_{16} + Cjb_{25})}{(1+i_0)^6} + \frac{(Cjb_{17} + Cjb_{26})}{(1+i_0)^7} + \frac{Cjb_{27}}{(1+i_0)^8} \quad (5-30)$$

从而得到，净现值率 $ENPVR_3 = \frac{ENPV}{I_p}$。

### 5.3.3 离子型稀土矿开采工艺选择判别

#### 5.3.3.1 离子型稀土矿开采工艺选择的一般判别

离子型稀土开采堆浸、原地浸矿工艺的选择问题可以简化为：从国民经济评价角度，将矿山开采视为“项目”，然后，对分别采用堆浸和原地浸矿工艺的两个不同方案比选。具体分成两个步骤：

（1）单个方案的 $ENPV \geqslant 0$，即某一矿山采用堆浸工艺或原地浸矿工艺其项目经济净现值须大于等于0。如果采用某一开采工艺其项目净现值小于0，则矿山不能采用该种开采工艺。

（2）当采用堆浸工艺和原地浸矿工艺其项目经济净现值均大于等于0时，则以经济净现值率（*ENPVR*）更大的方案（开采工艺）为优选方案。

5.3.3.2 母液渗漏防治费对离子型稀土矿开采工艺选择的影响

由本书第2.1.1节“离子型稀土矿成矿原因、地质结构和矿床赋存特征”可知，从理论上讲，当母液渗漏防治费用足够高时，能使母液渗漏实现“零渗漏”。在实际生产中，根据矿床底板基岩完整度情况，假定母液渗漏防治费（*Cfz*）占井巷工程费（*Cjx*）的比例系数为 $\lambda$，即：$Cfz = \lambda \times Cjx$。当混合稀土氧化物影了价格一定时，有：

（1）当 $\max\{ENPVR_1, ENPVR_2\} > ENPVR_3$ 时，原地浸矿工艺好于堆浸工艺。

$$
\begin{aligned}
ENPVR_1 = \frac{ENPV_1}{I_{p_1}} = \Bigg[ & -(Cjb_o + Cjj) - \frac{(Cjb_1 + Cld + Cjy_1 + \lambda_1 \times Cjx)}{(1+i_0)} \\
& + \frac{(S_1 - Cjb_2 - Cjy_2 - Cpw_1)}{(1+i_0)^2} + \frac{(S_2 - Cjb_3 - Cjy_3 - Cpw_2)}{(1+i_0)^3} \\
& + \frac{(S_3 + Cld_{s1} - Cjb_4 - Cst - Cpw_3)}{(1+i_0)^4} - \frac{Cjb_5}{(1+i_0)^5} - \frac{Cjb_6}{(1+i_0)^6} \\
& - \frac{Cjb_7}{(1+i_0)^7} - \frac{Cjb_8}{(1+i_0)^8} + \frac{(Cgy + Cld_{s2})}{(1+i_0)^9} \Bigg] \Bigg/ \Bigg[ (Cjb_o + Cjj) \\
& + \frac{(Cjb_1 + Cld + Cjy_1 + \lambda_1 \times Cjx)}{(1+i_0)} + \frac{(Cjb_2 + Cjy_2 + Cpw_1)}{(1+i_0)^2} \\
& + \frac{(Cjb_3 + Cjy_3 + Cpw_2)}{(1+i_0)^3} + \frac{(Cjb_4 + Cst + Cpw_3)}{(1+i_0)^4} + \frac{Cjb_5}{(1+i_0)^5} \\
& + \frac{Cjb_6}{(1+i_0)^6} + \frac{Cjb_7}{(1+i_0)^7} + \frac{Cjb_8}{(1+i_0)^8} \Bigg]
\end{aligned} \tag{5-31}
$$

$$ENPVR_2 = \frac{ENPV_2}{I_{p_2}} = \Big[ -(Cjb_o + Cjj) - \frac{(Cjb_1 + Cld + Cjy_1 + \lambda_2 \times Cjx)}{(1+i_0)} + \frac{(S_1 - Cjb_2 - Cjy_2 - Cpw_1)}{(1+i_0)^2} + \frac{(S_2 - Cjb_3 - Cjy_3 - Cpw_2)}{(1+i_0)^3} + \frac{(S_3 + Cld_{s1} - Cjb_4 - Cst - Cpw_3 - Csh)}{(1+i_0)^4} - \frac{Cjb_5}{(1+i_0)^5} - \frac{Cjb_6}{(1+i_0)^6} - \frac{Cjb_7}{(1+i_0)^7} - \frac{Cjb_8}{(1+i_0)^8} + \frac{(Cgy + Cld_{s2})}{(1+i_0)^9} \Big] \Big/ \Big[ (Cjb_o + Cjj) + \frac{(Cjb_1 + Cld + Cjy_1 + \lambda_2 \times Cjx)}{(1+i_0)} + \frac{(Cjb_2 + Cjy_2 + Cpw_1)}{(1+i_0)^2} + \frac{(Cjb_3 + Cjy_3 + Cpw_2)}{(1+i_0)^3} + \frac{(Cjb_4 + Cst + Cpw_3 + Csh)}{(1+i_0)^4} + \frac{Cjb_5}{(1+i_0)^5} + \frac{Cjb_6}{(1+i_0)^6} + \frac{Cjb_7}{(1+i_0)^7} + \frac{Cjb_8}{(1+i_0)^8} \Big] \tag{5-32}$$

$$ENPVR_3 = \frac{ENPV_3}{I_{p_3}} = \Big[ -Cjj - \frac{(Cjb_{11} + Cld_1 + Cjy_1)}{(1+i_0)} + \frac{(S_1 - Cjb_{12} - Cjb_{21} - Cld_2 - Cjy_2 - Cpw_1 - Csh_1 - Cst_1)}{(1+i_0)^2} + \frac{(S_2 + Cld_{s1} - Cjb_{13} - Cjb_{22} - Cpw_2 - Csh_2 - Cst_2)}{(1+i_0)^3} - \frac{(Cjb_{14} + Cjb_{23})}{(1+i_0)^4} - \frac{(Cjb_{15} + Cjb_{24})}{(1+i_0)^5} - \frac{(Cjb_{16} + Cjb_{25})}{(1+i_0)^6} - \frac{(Cjb_{17} + Cjb_{26})}{(1+i_0)^7} - \frac{Cjb_{27}}{(1+i_0)^8} + \frac{(Cgy + Cld_{s2})}{(1+i_0)^9} \Big] \Big/ \Big[ Cjj + \frac{(Cjb_{11} + Cld_1 + Cjy_1)}{(1+i_0)} + \frac{(Cjb_{12} + Cjb_{21} + Cld_2 + Cjy_2 + Cpw_1 + Csh_1 + Cst_1)}{(1+i_0)^2}$$

$$+\frac{(Cjb_{13}+Cjb_{22}+Cpw_2+Csh_2+Cst_2)}{(1+i_0)^3}+\frac{(Cjb_{14}+Cjb_{23})}{(1+i_0)^4}$$
$$+\frac{(Cjb_{15}+Cjb_{24})}{(1+i_0)^5}+\frac{(Cjb_{16}+Cjb_{25})}{(1+i_0)^6}+\frac{(Cjb_{17}+Cjb_{26})}{(1+i_0)^7}$$
$$+\frac{Cjb_{27}}{(1+i_0)^8}\Bigg] \tag{5-33}$$

所以，当 $\max\{ENPVR_1, ENPVR_2\} > ENPVR_3$，即当 $\lambda < \min\{\lambda_1, \lambda_2\}$ 时，原地浸矿工艺好于堆浸工艺。

（2）当 $\max\{ENPVR_1, ENPVR_2\} < ENPVR_3$ 时，堆浸工艺好于原地浸矿工艺。

同理，当 $\max\{ENPVR_1, ENPVR_2\} < ENPVR_3$，即当 $\lambda > \min\{\lambda_1, \lambda_2\}$ 时，堆浸工艺好于原地浸矿工艺。

上述也说明在确定性条件下，堆浸、原地浸矿工艺在离子型稀土矿床底板基岩完整度方面有其适用条件，堆浸、原地浸矿工艺选择的临界点为 $\lambda = \min\{\lambda_1, \lambda_2\}$，然而 $\lambda$ 与矿床底板基岩完整度和母液渗漏控制指标有关。

## 5.4 确定性条件下离子型稀土矿开采时机决策模型

第 5.3 节探讨了确定性条件下离子型稀土矿开采工艺的选择决策模型，然而，开采工艺确定之后还存在矿山如何在产品价格（如稀土氧化物价格）波动的情况下，何时开采的决策问题。本节将探讨离子型稀土矿分别在原地浸矿工艺和堆浸工艺条件下的开采时机决策模型。

### 5.4.1 离子型稀土矿原地浸矿条件下开采时机决策模型

#### 5.4.1.1 矿山开采生态自我修复条件下矿山开采时机选择

当离子型稀土矿采用原地浸矿工艺开采时，在其他参数不变条件下，开采时机取决于混合稀土氧化物的影子价格。为得到混合稀土氧化物影子价格 $P$ 的表达式，假设混合稀土氧化物的影子价格为 $P_0$（万元/吨），第 2 年、第 3 年及第 4 年的混合稀土氧化物的产量分别为 $Q_1$、$Q_2$、$Q_3$，总产量 $Q=Q_1+Q_2+Q_3$，且产销平衡。令方程（5-25）为 0，则有：

$$
\begin{aligned}
ENPV = & -(Cjb_o+Cjj)-\frac{(Cjb_1+Cld+Cjy_1+Cfz)}{(1+i_0)}+\frac{(S_1-Cjb_2-Cjy_2-Cpw_1)}{(1+i_0)^2} \\
& +\frac{(S_2-Cjb_3-Cjy_3-Cpw_2)}{(1+i_0)^3}+\frac{(S_3+Cld_{s1}-Cjb_4-Cst-Cpw_3)}{(1+i_0)^4} \\
& -\frac{Cjb_5}{(1+i_0)^5}-\frac{Cjb_6}{(1+i_0)^6}-\frac{Cjb_7}{(1+i_0)^7}-\frac{Cjb_8}{(1+i_0)^8}+\frac{(Cgy+Cld_{s2})}{(1+i_0)^9}=0
\end{aligned}
$$

即有：

$$
\begin{aligned}
& (Cjb_o+Cjj)+\frac{(Cjb_1+Cld+Cjy_1+Cfz)}{(1+i_0)}+\frac{(Cjb_2+Cjy_2+Cpw_1)}{(1+i_0)^2} \\
& +\frac{(Cjb_3+Cjy_3+Cpw_2)}{(1+i_0)^3}+\frac{(Cjb_4+Cst+Cpw_3-Cld_{s1})}{(1+i_0)^4}+\frac{Cjb_5}{(1+i_0)^5} \\
& +\frac{Cjb_6}{(1+i_0)^6}+\frac{Cjb_7}{(1+i_0)^7}+\frac{Cjb_8}{(1+i_0)^8}-\frac{(Cgy+Cld_{s2})}{(1+i_0)^9} \\
= & \frac{S_1}{(1+i_0)^2}+\frac{S_2}{(1+i_0)^3}+\frac{S_3}{(1+i_0)^4}
\end{aligned}
$$

从而有：

$$
\begin{aligned}
P_0 = & \Big[(Cjb_o+Cjj)+\frac{(Cjb_1+Cld+Cjy_1+Cfz)}{(1+i_0)}+\frac{(Cjb_2+Cjy_2+Cpw_1)}{(1+i_0)^2} \\
& +\frac{(Cjb_3+Cjy_3+Cpw_2)}{(1+i_0)^3}+\frac{(Cjb_4+Cst+Cpw_3-Cld_{s1})}{(1+i_0)^4}+\frac{Cjb_5}{(1+i_0)^5} \\
& +\frac{Cjb_6}{(1+i_0)^6}+\frac{Cjb_7}{(1+i_0)^7}+\frac{Cjb_8}{(1+i_0)^8}-\frac{(Cgy+Cld_{s2})}{(1+i_0)^9}\Big] \\
& \Big/\Big[\frac{Q_1}{(1+i_0)^2}+\frac{Q_2}{(1+i_0)^3}+\frac{Q_3}{(1+i_0)^4}\Big] \qquad (5-34)
\end{aligned}
$$

因此，在原地浸矿工艺和矿山生态自我修复等条件下，当混合稀土氧

化物的影子价格 $P \geqslant P_0$ 时，矿山才值得开采。

#### 5.4.1.2 矿山开采人工生态修复条件下开采时机选择

当风化壳淋积型稀土矿采用原地浸矿开采（浸出）且采用人工方法进行生态修复时，从国民经济评价的角度研究开采时机问题。

当离子型稀土矿采用原地浸矿工艺开采时，在其他参数不变条件下，开采时机取决于混合稀土氧化物的影子价格。为得到混合稀土氧化物影子价格 $P$ 的表达式，假设混合稀土氧化物的影子价格为 $P_0$（万元/吨），第 2 年、第 3 年及第 4 年的混合稀土氧化物的产量分别为 $Q_1$、$Q_2$、$Q_3$，总产量 $Q = Q_1 + Q_2 + Q_3$，且产销平衡。令方程（5－27）为 0，则有：

$$
\begin{aligned}
ENPV = & -(Cjb_o + Cjj) - \frac{(Cjb_1 + Cld + Cjy_1 + Cfz)}{(1+i_0)} + \frac{(S_1 - Cjb_2 - Cjy_2 - Cpw_1)}{(1+i_0)^2} \\
& + \frac{(S_2 - Cjb_3 - Cjy_3 - Cpw_2)}{(1+i_0)^3} + \frac{(S_3 + Cld_{s1} - Cjb_4 - Cst - Cpw_3 - Csh)}{(1+i_0)^4} \\
& - \frac{Cjb_5}{(1+i_0)^5} - \frac{Cjb_6}{(1+i_0)^6} - \frac{Cjb_7}{(1+i_0)^7} - \frac{Cjb_8}{(1+i_0)^8} + \frac{(Cgy + Cld_{s2})}{(1+i_0)^9} = 0
\end{aligned}
$$

即有：

$$
\begin{aligned}
& (Cjb_o + Cjj) + \frac{(Cjb_1 + Cld + Cjy_1 + Cfz)}{(1+i_0)} + \frac{(Cjb_2 + Cjy_2 + Cpw_1)}{(1+i_0)^2} \\
& + \frac{(Cjb_3 + Cjy_3 + Cpw_2)}{(1+i_0)^3} + \frac{(Cjb_4 + Cst + Cpw_3 - Cld_{s1})}{(1+i_0)^4} + \frac{Csh}{(1+i_0)^4} \\
& + \frac{Cjb_5}{(1+i_0)^5} + \frac{Cjb_6}{(1+i_0)^6} + \frac{Cjb_7}{(1+i_0)^7} + \frac{Cjb_8}{(1+i_0)^8} - \frac{(Cgy + Cld_{s2})}{(1+i_0)^9} \\
& = \frac{S_1}{(1+i_0)^2} + \frac{S_2}{(1+i_0)^3} + \frac{S_3}{(1+i_0)^4}
\end{aligned}
$$

从而有：

$$
P_0 = \left[ (Cjb_o + Cjj) + \frac{(Cjb_1 + Cld + Cjy_1 + Cfz)}{(1+i_0)} + \frac{(Cjb_2 + Cjy_2 + Cpw_1)}{(1+i_0)^2} \right.
$$

$$+\frac{(Cjb_3+Cjy_3+Cpw_2)}{(1+i_0)^3}+\frac{(Cjb_4+Cst+Cpw_3-Cld_{s1})}{(1+i_0)^4}+\frac{Csh}{(1+i_0)^4}$$

$$+\frac{Cjb_5}{(1+i_0)^5}+\frac{Cjb_6}{(1+i_0)^6}+\frac{Cjb_7}{(1+i_0)^7}+\frac{Cjb_8}{(1+i_0)^8}-\frac{(Cgy+Cld_{s2})}{(1+i_0)^9}\Bigg]$$

$$\Bigg/\Bigg[\frac{Q_1}{(1+i_0)^2}+\frac{Q_2}{(1+i_0)^3}+\frac{Q_3}{(1+i_0)^4}\Bigg] \quad (5-35)$$

因此，在原地浸矿工艺和矿山生态人工修复等条件下，当混合稀土氧化物的影子价格 $P \geqslant P_0$ 时，矿山才值得开采。

### 5.4.2 离子型稀土矿堆浸条件下开采时机决策模型

当风化壳淋积型稀土矿采用堆浸工艺开采（浸出）时，如前文所述，假定其他参数不变，开采时机取决于混合稀土氧化物的市场价格。为得到混合稀土氧化物价格 $P$ 的表达式，假设混合稀土氧化物的影子价格为 $P_0$（万元/吨），第2年、第3年的混合稀土氧化物的产量分别为 $Q_1$、$Q_2$，总产量 $Q=Q_1+Q_2$，且产销平衡。令方程（5-29）为0，则有：

$$ENPV=-Cjj-\frac{(Cjb_{11}+Cld_1+Cjy_1)}{(1+i_0)}$$

$$+\frac{(S_1-Cjb_{12}-Cjb_{21}-Cld_2-Cjy_2-Cpw_1-Csh_1-Cst_1)}{(1+i_0)^2}$$

$$+\frac{(S_2+Cld_{s1}-Cjb_{13}-Cjb_{22}-Cpw_2-Csh_2-Cst_2)}{(1+i_0)^3}$$

$$-\frac{(Cjb_{14}+Cjb_{23})}{(1+i_0)^4}-\frac{(Cjb_{15}+Cjb_{24})}{(1+i_0)^5}-\frac{(Cjb_{16}+Cjb_{25})}{(1+i_0)^6}$$

$$-\frac{(Cjb_{17}+Cjb_{26})}{(1+i_0)^7}-\frac{Cjb_{27}}{(1+i_0)^8}+\frac{(Cgy+Cld_{s2})}{(1+i_0)^9}=0$$

即有：

$$Cjj+\frac{(Cjb_{11}+Cld_1+Cjy_1)}{(1+i_0)}+\frac{(Cjb_{12}+Cjb_{21}+Cld_2+Cjy_2+Cpw_1+Csh_1+Cst_1)}{(1+i_0)^2}$$

$$+\frac{(Cjb_{13}+Cjb_{22}+Cpw_2+Csh_2+Cst_2-Cld_{s1})}{(1+i_0)^3}+\frac{(Cjb_{14}+Cjb_{23})}{(1+i_0)^4}$$

$$+\frac{(Cjb_{15}+Cjb_{24})}{(1+i_0)^5}+\frac{(Cjb_{16}+Cjb_{25})}{(1+i_0)^6}+\frac{(Cjb_{17}+Cjb_{26})}{(1+i_0)^7}+\frac{Cjb_{27}}{(1+i_0)^8}$$

$$-\frac{(Cgy+Cld_{s2})}{(1+i_0)^9}=\frac{S_1}{(1+i_0)^2}+\frac{S_2}{(1+i_0)^3}$$

从而有：

$$P_0=\Big[Cjj+\frac{(Cjb_{11}+Cld_1+Cjy_1)}{(1+i_0)}$$

$$+\frac{(Cjb_{12}+Cjb_{21}+Cld_2+Cjy_2+Cpw_1+Csh_1+Cst_1)}{(1+i_0)^2}$$

$$+\frac{(Cjb_{13}+Cjb_{22}+Cpw_2+Csh_2+Cst_2-Cld_{s1})}{(1+i_0)^3}+\frac{(Cjb_{14}+Cjb_{23})}{(1+i_0)^4}$$

$$+\frac{(Cjb_{15}+Cjb_{24})}{(1+i_0)^5}+\frac{(Cjb_{16}+Cjb_{25})}{(1+i_0)^6}+\frac{(Cjb_{17}+Cjb_{26})}{(1+i_0)^7}+\frac{Cjb_{27}}{(1+i_0)^8}$$

$$-\frac{(Cgy+Cld_{s2})}{(1+i_0)^9}\Big]\Big/\Big[\frac{Q_1}{(1+i_0)^2}+\frac{Q_2}{(1+i_0)^3}\Big] \tag{5-36}$$

因此，当混合稀土氧化物的影子价格 $P\geqslant P_0$ 时，矿山才值得开采。

## 5.5 主要结论

本章首先将离子型稀土矿开采视为“项目”，并把采用堆浸、原地浸矿等不同工艺条件下的离子型稀土开采视为同一“项目”的不同方案。其次，从国民经济评价的角度，构建了基于离子型稀土矿床底板基岩完整度及矿山资源储量认知确定性条件下的矿山开采工艺选择的经济净现值率决策模型；最后，基于矿山开采工艺的经济净现值率模型，推导出离子型稀土矿的开采时机决策模型。具体内容包括：

（1）从国民经济评价角度分析离子型稀土矿开采工艺和开采时机。考虑到离子型稀土矿开采不仅属于资源开采项目，而且具有外部性，因此，从国民经济评价角度将离子型稀土开采矿视为“项目”，并把采用堆浸、原地浸矿等不同工艺条件下的离子型稀土开采视为同一“项目”的不同方案。此外，对国民经济评价中的效益流量和费用流量进行了识别，尤其考虑了矿区森林生态系统服务功能价值补偿费以及原地浸矿条件下母液渗漏防治费等费用流量，并对采用国民经济评价的经济净现值率模型的选取和主要参数进行了说明。

（2）构建了基于离子型稀土矿床底板基岩完整度及矿山资源储量认知确定性条件下的矿山开采工艺选择的经济净现值率决策模型。分别绘制了堆浸工艺和原地浸矿工艺条件下（分矿山生态自我修复和人工修复两种情况）投资经济效益和费用流量表和流量图，并构建了相应情况的矿山开采工艺选择的经济净现值率决策模型。探讨了确定性条件下离子型稀土矿开采工艺决策的临界值 $\lambda=\min\{\lambda_1,\lambda_2\}$，其中，$\lambda$ 为原地浸矿条件下生态自我修复和人工修复时的母液渗漏防治费（*Cfz*）占井巷工程费（*Cjx*）的比例系数，也是矿床底板基岩完整度和母液渗漏控制指标的度量。

（3）基于矿山开采工艺选择的经济净现值率决策模型，推导出离子型稀土矿的开采时机决策模型。在矿山开采工艺明确的条件下，矿山开采的时机主要与产品（混合稀土氧化物）的影子价格有关，为此，构建了以混合稀土氧化物的影子价格为评价准则的离子型稀土矿的开采时机决策模型。

第6章

# 不确定性条件下离子型稀土矿开采决策模型构建

现实中，由于各种原因人们往往对离子型稀土矿床底板基岩完整度的认知有限，当矿床底板基岩完整度不确定时，开采工艺的误选将导致资源的过度无谓损失或生态环境的过度无谓破坏，因此，从政府视角，矿床底板基岩完整度不确定条件下离子型稀土矿开采工艺和开采时机如何决策值得探讨。

## 6.1 离子型稀土矿不确定性条件的界定

### 6.1.1 离子型稀土矿床底板基岩完整度的不确定性

离子型稀土矿矿床厚度变化范围不大，一般为5～30米，大多为8～10米。矿体由上而下分层比较明显，一般分为腐殖层（含残坡积层）、全风化层、半风化层以及基岩，稀土主要赋存在全风化层（池汝安，2007），若采用原地浸矿工艺，则利用基岩作“天然底板”或人造底板进行收液。由于很难准确、全面探测出基岩天然底板存在的节理、裂隙或断层具体情况，因此，离子型稀土矿床底板基岩完整度具有不确定性。

### 6.1.2 离子型稀土矿资源储量的不确定性

离子型稀土矿床品位普遍较低，品位通常为0.03%～0.3%，而且对于同一个矿区，其不同山头的稀土品位的变化没有规律，但其品位差别很大，可以相差2～6倍（池汝安，2012），因此，离子型稀土矿资源储量很难估算准确。尤其对于珍贵的离子型稀土中的中重稀土矿来说，矿山资源储量的细小误差都将导致采选综合回收率的较大误差，从而不能真实反映资源的回收利用情况，因此，矿山资源储量具有不确定性。

### 6.1.3 离子型稀土矿不确定性条件的界定

本书提出的“离子型稀土矿不确定性条件”指的是各种主客观原因导致的人们对离子型稀土矿底板基岩完整度及矿山资源储量不清楚的状况。

## 6.2 不确定性条件下离子型稀土矿开采工艺评价方法

在离子型稀土矿的矿床底板发育完整程度不确定条件下，采用定量的方法很难评价出某（类）离子型稀土矿山应该采用堆浸工艺还是原地浸矿开采工艺。然而，作为政策制定者的政府相关部门来说，尽管离子型稀土矿存在矿床底板发育完整程度的不确定性，但是仍需制定相应离子型稀土矿开采工艺政策。对于上述不确定条件下的风化壳淋积极型稀土矿来说，如果推广使用原地浸矿工艺，将可能造成资源大量渗漏和地下水严重被污染的风险。为给政策制定者提供不确定条件下离子型稀土矿开采工艺政策选择提供依据，采用不确定性人工智能的方法加以研究。

### 6.2.1 不确定性问题的主要研究方法

随机性和模糊性是不确定性的基本内涵，在广大学者不断地精心研究下，概率论、模糊集、分形网络、混沌、粗糙集以及云模型等不确定性问题的研究方法不断出现。其中，近几年研究得比较多的人工智能不确定性方法集中在概率论、模糊集、粗糙集及云模型等方面。然而，概率论、模糊集、粗糙集在解决不确定性问题时存在其不足。例如，概率论中反映随机性的期望、方差及高阶矩阵等数学特征没有涉及模糊性；模糊集中的隶属度没有考虑随机性；粗糙集虽然考虑了模糊性，但没有考虑数据样本的随机性。

### 6.2.2 不确定性离子型稀土矿开采工艺评价方法

云模型使用期望、熵及超熵等三个数字特征来反映概念的整体特性，通过不同的算法来表达定性概念与定量数据之间的不确定性转换模型，并体现概念中的模糊性和随机性。此外，通过正向云发生器和逆向云发生器可以实现人类的双向认知。即：首先，定性概念通过正向云发生器算法得到定量数据；其次，由逆向云发生器算法形成定性概念；最后，通过正向云发生器和逆向云发生器算法循环若干次，以模拟人对事物的双向认知。由于云决策模型具有解决不同人对同一问题的认知会逐步统一，以及能将难以定量化的问题（如地下水污染造成环境损失的估算）先转化为定性问题再转为定量问题加以解决的优点，因此，当离子型稀土矿矿床底板基岩发育完整度及风化度不确定时，选择云决策方法。

## 6.3 不确定性离子型稀土矿开采工艺评价云模型

### 6.3.1 云模型基本理论

不确定性具有随机性、模糊性以及不稳定性等特征，而模糊性和随机性反映了不确定性基本特征。由于客观世界自身的不确定性以及人类认知能力有限，因此，认知具有不确定性的特点。然而，认知的不确定性是通过认知中的最小单位“概念”体现出来的。

1995 年，李德毅院士提出了一种用于解决定性和定量之间不确定性转换的云模型。该模型通过赋予样本点以随机确定度将随机性和模糊性相结合，形成定性概念和定量数据相互之间的映射，从而从语言值所表达的定性概念中得到其定量数据的边界及分布规律，或从定量数据中得到合适的定性语言值。另外，反映某个定性概念的确定度一直都在发生细微变化，但是这种变化不会对云的整体特性造成影响（李德毅，2005）。

#### 6.3.1.1 云模型的定义

假设 $U=\{x\}$ 为定量域，表示一个精确定量数值量集合；$C$ 为 $U=\{x\}$ 上的定性概念，即 $U$ 对应的语言值。此外，假如 $U=\{x\}$ 中精确的定量数值 $x$ 为定性概念 $C$ 的一次随机体现，且 $x$ 对 $C$ 的确定度 $\mu(x)\in[0,1]$ 是一个具有稳定分布特征的随机数，即满足方程（6-1）的关系：

$$\mu: U\rightarrow[0,1],\ \forall x\in U,\ x\rightarrow\mu(x) \tag{6-1}$$

则将 $x$ 在定量域 $U$ 上的分布则称为云，记为 $C(X)$，$x$ 称云滴。云模型能够实现定性概念与定量数值的多次随机转换，可将定性概念转换成空间的若干个点，这种离散的、符合某种随机分布的转换过程具有随机性。而云滴表示了某概念在一定确定度下的模糊性隶属度。

云一般具有如下性质：

（1）若 $\mu(x)$ 是一个具有稳态分布的随机函数，则 $x \in U$ 到区间［0，1］的映射是一对多的数学转换。

（2）$\mu(x)$ 反映了云滴所代表的定性概念的确定度，确定度与云滴出现的概率正相关。

（3）云由许多云滴构成，一个云滴代表一次定性概念和定量的数值量之间的转换。云滴之间没有先后顺序，在不同时刻所产生的云图形状会有差异，但是云图的整体形态能反映出定性概念的基本特性。

（4）云的“厚度”不均匀，通常地，云的顶部和底部“厚度”较小，云的顶部和底部之间的“厚度”最大。云的“厚度”作为隶属度随机性的大小表征体现了一般规律：接近概念中心或者远离概念中心的位置，隶属度随机性较小，而处于两者之间的随机性较大。

（5）云的数学期望曲线表现为其隶属曲线。

#### 6.3.1.2 云的数字特征

云模型通过期望，熵和超熵等云的数字特征来表示语言值的数学性质。其中：

期望（$Ex$）：表示定性概念的点，表示云滴在论域空间分布的期望。

熵（$En$）：用于反映定性概念的不确定性，由概念的随机性和模糊性决定。既反映定性概念的云滴的离散程度，也反映定性概念在论域空间可被概念接受的云滴的取值范围。

超熵（$He$）：意为熵的熵，用于反映熵的不确定性度量。不仅反映云滴的离散程度，而且反映云滴的凝聚的“厚度”。如果 $He$ 越大，则隶属度的随机性以及云的离散程度也越大，从而体现为云的“厚度”也越大。

由正态分布的“$3\sigma$”规则可知，对于正态分布 $N(\mu, \sigma^2)$ 来说，处于（$\mu-3\sigma$，$\mu+3\sigma$）区间内的值的概率为 99.74%。

假设 $\Delta x$ 代表论域 $U$ 区间内的任意一个元素，它对定性概念 $C$ 的贡献 $\Delta G$ 为：

$$\Delta G \approx \frac{G_C(x) \times \Delta x}{\sqrt{2\pi} \times En} \tag{6-2}$$

则有，$U$ 中的所有元素对定性概念 $C$ 的总贡献为：

$$G_{\pm\infty} = \frac{\int G_C(x) \times \Delta x}{\sqrt{2\pi} \times En} = \frac{\int e^{\frac{-(x-Ex)^2}{2Ex^2}} \times \mathrm{d}x}{\sqrt{2\pi} \times En} = 1 \tag{6-3}$$

同样，论域 $[Ex-3En, Ex+3En]$ 中的元素对于定性概念 $C$ 的总贡献为：

$$G_{Ex\pm 3En} = \frac{\int_{Ex-3En}^{Ex+3En} G_C(x) \times \mathrm{d}x}{\sqrt{2\pi} \times En} = 99.74\%$$

由此可知，对于正态云来说，也存在“$3En$”规则，即：论域 $U$ 中对定性概念 $C$ 有约 99.74% 的云滴处于 $[Ex-3En, Ex+3En]$ 区间，而对处于 $[Ex-3En, Ex+3En]$ 区间之外的小概率几乎可忽略。具体如图 6-1 所示。

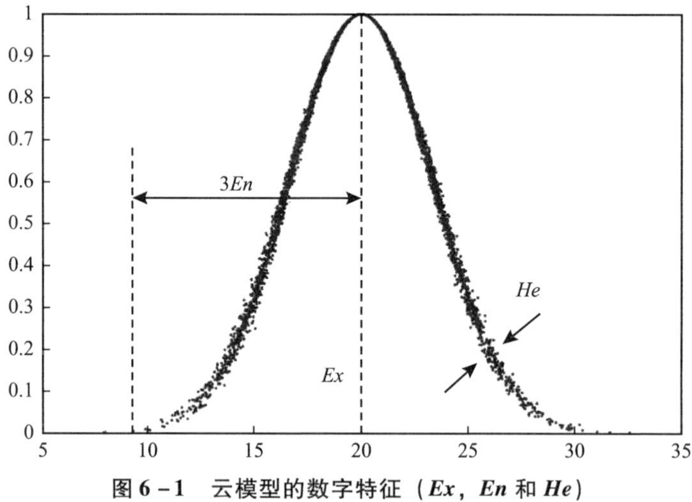


**图 6-1 云模型的数字特征（*Ex*，*En* 和 *He*）**

图 6-2、图 6-3 是云模型的数字特征期望值 $Ex=20$，超熵 $He=0.5$，熵 $En$ 分别为 10 和 3，云滴数 $n=1000$ 时的示意图；图 6-4 是 $Ex=20$，$He=1$，$En=3$，$n=1000$ 时的示意图。MATLAB 程序代码见本书附录一。

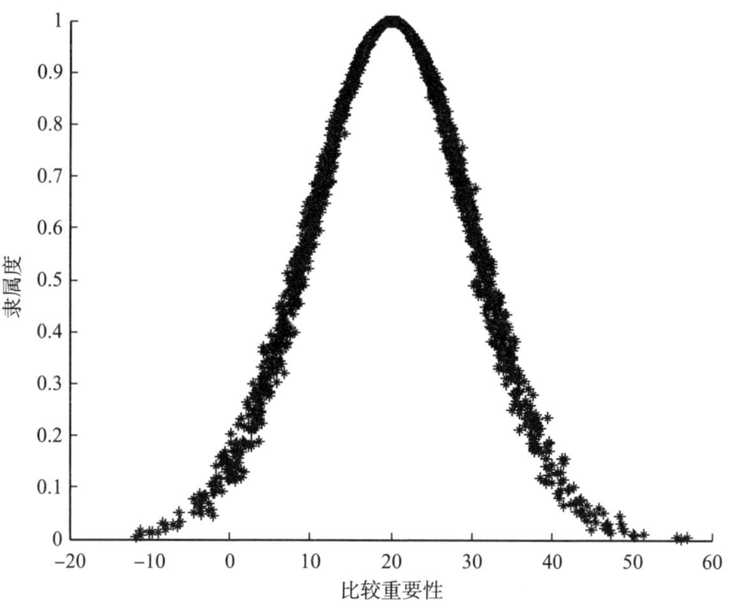


图 6－2　*Ex*＝20，*En*＝10，*He*＝0.5（*n*＝1000）

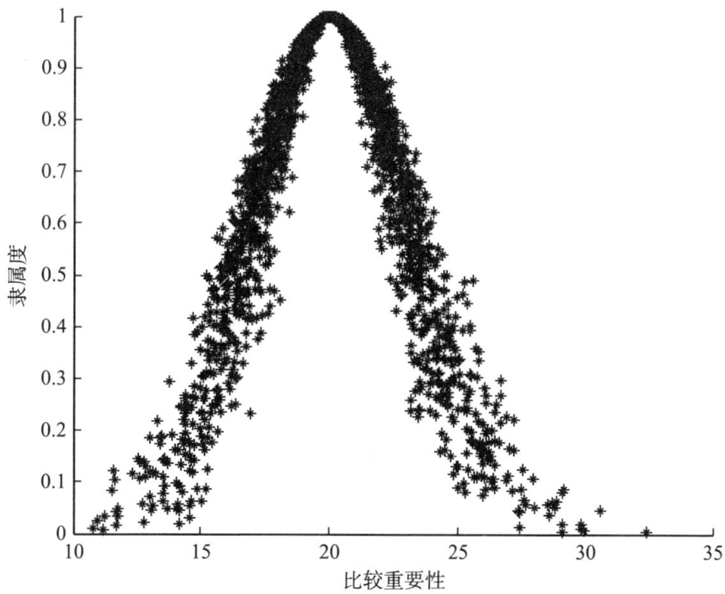


图 6－3　*Ex*＝20，*En*＝3，*He*＝0.5（*n*＝1000）

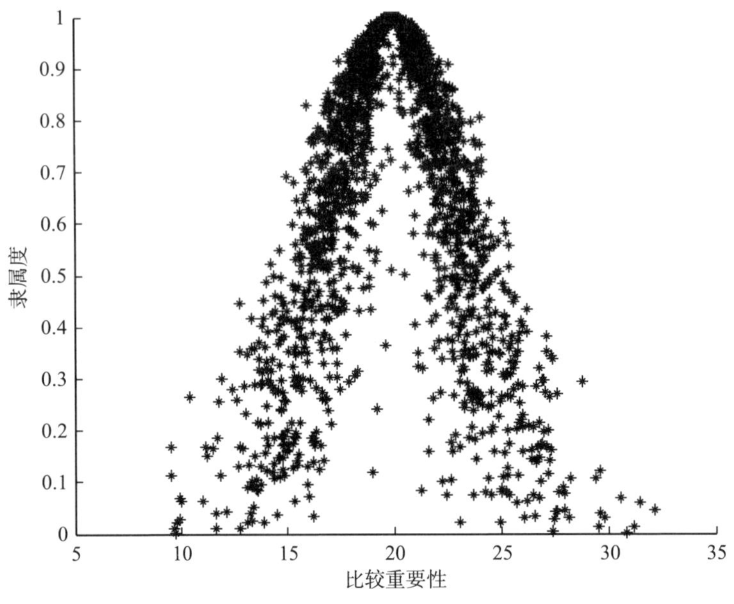


**图 6-4　$Ex=20$，$En=3$，$He=1$（$n=1000$）**

#### 6.3.1.3　云发生器

云发生器分为正向云发生器（FCG）和逆向云发生器（BCG）（李德毅，1995），由云的数字特征 $C(Ex, En, He)$ 产生定量数值，称为正向云发生器（如图 6-5 所示）。

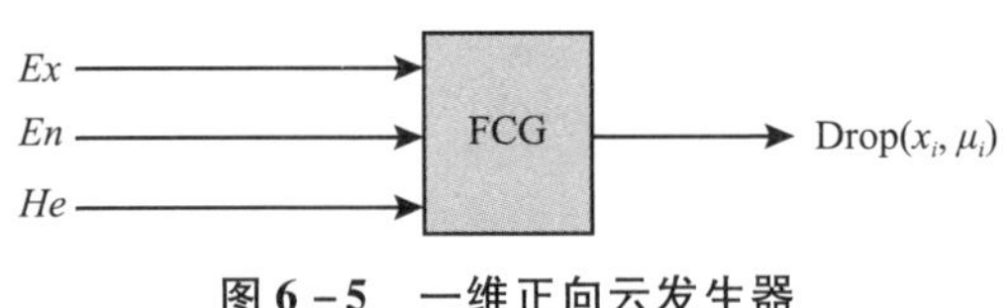


**图 6-5　一维正向云发生器**

（1）正向云发生器。

正向云发生器是从定性概念到其定量度量的映射，它通过云的数字特征（$Ex$，$En$，$He$）产生云滴，因此，每个云滴都是其定性概念的具体实现（李德毅，1995）。

（2）逆向云发生器。

逆向云发生器是将定量值转换成定性概念的模型（如图6－6所示）。它可将一定数量的精确数据转换成以数字特征（$Ex$，$En$，$He$）表示的定性概念（叶琼，2011）。

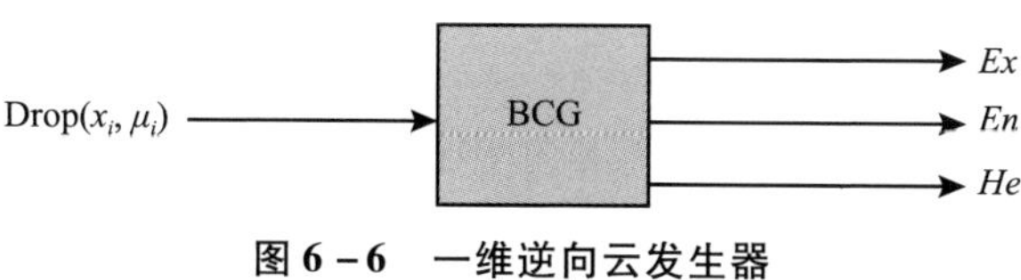


**图6－6　一维逆向云发生器**

### 6.3.1.4　正向云变换算法（FCT）

对正态云模型而言，二阶正向正态云发生器算法FCG($Ex$，$En$，$He$，$n$）可表述如下：

**输入：**数字特征 $Ex$，$En$，$He$，生成云滴的个数 $n$。

**输出：**$n$ 个云滴 $x_i$ 及其确定度 $\mu(x_i)(i=1, 2, \cdots, n)$。

**算法步骤：**

（1）生成以 $E_n$ 为期望值，$He^2$ 为方差的一个正态随机数 $y_i=R_N(En, He)$；

（2）生成以 $Ex$ 为期望值，$y_i^2$ 为方差的一个正态随机数 $x_i=R_N(Ex, y_i)$；

（3）计算 $\mu(x_i)=\exp\left[-\frac{(x_i-Ex)^2}{2y_i^2}\right]$；

（4）具有确定度 $\mu(x_i)$ 的 $x_i$ 成为数域中的一个云滴；

（5）重复步骤1到步骤4，直至产生要求的 $n$ 个云滴为止。

该算法适用于论域空间为一维或高维的情况。算法的关键是一次正态随机数是另一次正态随机数的基础。

### 6.3.1.5　逆向云变换算法（BCT）

逆向云变换算法的计算原理是根据给定样本数据，采用矩阵估计的方法，估计出定性概念的数字特征值。具体方法包括基于一阶绝对中心矩的逆向云变换算法（SBCT-1stM）（许昌林，2014）以及基于四阶中心矩的逆向云变换算法（SBCT-4thM）（王健等，2010），具体如下：

（1）算法1：SBCT-1stM。

**输入：** 样本点 $x_i(i=1, 2, \cdots, n)$。

**输出：** 反映定性概念的数字特征 $Ex$，$En$，$He$。

**算法步骤：**

①根据 $x_i$ 计算这组数据的样本均值 $\overline{X}=\frac{1}{n}\sum_{i=1}^{n}x_i$，一阶样本绝对中心矩 $\frac{1}{n}\sum_{i=1}^{n}|x_i-\overline{X}|$，样本方差 $S^2=\frac{1}{n-1}\sum_{i=1}^{n}(x_i-\overline{X})^2$；

②计算期望 $Ex=\overline{X}$；

③计算熵 $En=\sqrt{\frac{\pi}{2}}\times\frac{1}{n}\sum_{i=1}^{n}|x_i-Ex|$；

④计算超熵 $He=\sqrt{S^2-En^2}$。

（2）算法2：SBCT-4thM。

**输入：** 样本点 $x_i(i=1, 2, \cdots, n)$。

**输出：** 反映定性概念的数字特征 $Ex$，$En$，$He$。

**算法步骤：**

①根据 $x_i$ 计算这组数据的样本均值 $\overline{X}=\frac{1}{n}\sum_{i=1}^{n}x_i$，样本方差 $S^2=\frac{1}{n-1}\times\sum_{i=1}^{n}(x_i-\overline{X})^2$，及样本四阶中心矩 $\bar{\mu}_4=\frac{1}{n-1}\sum_{i=1}^{n}(x_i-\overline{X})^4$；

②$Ex=\overline{X}$；

③$En=\sqrt[4]{\frac{9(S^2)^2-\bar{\mu}_4}{6}}$；

④$He=\sqrt{S^2-\sqrt{\frac{9(S^2)^2-\bar{\mu}_4}{6}}}$。

然而，由于不能保证 $S^2-\hat{E}n^2\geqslant 0$，因此，SBCT-1stM 中，超熵的估计

值 $\hat{H}e=\sqrt{S^2-\hat{E}n^2}$有时不一定能得到，在 SBCT-4stM 同理。

$$S^2-\sqrt{\frac{9(S^2)^2-\bar{\mu}_4}{6}}\geqslant 0$$

这说明上述两种逆向云变换算法在实现由概念外延向其内涵转化的过程中不具有稳定性，这两种逆向云变换算法的共同特点都是对给定的样本数据通过各阶段直接估计得到概念数字特征的估计值，也就是单步式的估计方法，而忽视云滴本身的形成特点。

多步还原逆向云变换算法。对于正向云变换算法，通过概念内涵生成的最终云滴一般由两次正态随机数生成的，而且具有一次正态随机数是另一次正态随机数的基础的特征，而逆向云变换算法恰好相反。因而，根据其特征，通过对原始样本进行随机抽样分组的方式，间接（通过 $y_i$ 的值）地估计出 $En$ 和 $He$ 的值，即基于可重复的多步逆向云变换算法（MBCT-SR）（吴涛，2012）。具体步骤如算法 3 和算法 4。

（3）算法 3：2nd-MBCT-SD（许昌林等，2012）。

**输入：** 来自总体 $X$ 的样本量为 $n$ 的样本 $X_1$，$X_2$，…，$X_n$ 以及参数 $m$。

**输出：** 3 个数字特征 $Ex$，$En$，$He$ 的估计量 $\hat{E}x$，$\hat{E}n$，$\hat{H}e$。

**算法步骤：**

①从给定样本 $X_1$，$X_2$，…，$X_n$ 中计算样本均值作为待估参数 $Ex$ 的估计量，即 $\hat{E}x=\overline{X}=\frac{1}{n}\sum_{i=1}^{n}X_i$；

②实现对样本 $X_1$，$X_2$，…，$X_n$ 的随机划分，划分为 $m$ 组样本且每组样本量为 $r$，即有：$X_{11}$，$X_{12}$，…，$X_{1r}$；$X_{21}$，$X_{22}$，…，$X_{2r}$；…；$X_{m1}$，$X_{m2}$，…，$X_{mr}$。并且满足每两组样本之间不相交以及 $n=m\times r$，且 $n$、$m$、$r$ 都是正整数。

**输入：** 样本点 $x_i(i=1,2,\cdots,n)$。

**输出：** 反映定性概念的数字特征 $\hat{E}x$，$\hat{E}n$，$\hat{H}e$。

**算法步骤：**

①根据给定的数据样本 $X_1$，$X_2$，…，$X_n$，计算样本均值 $\hat{E}x=\frac{1}{n}\sum_{k=1}^{n}x_k$，

得到期望 $Ex$ 的估计值；

②对原始样本 $X_1$，$X_2$，…，$X_n$ 进行随机分组得到 $m$ 组样本，且每组有 $r$ 个样本（$n=m\times r$ 且 $n$、$m$、$r$ 都是正整数）。从分组后的每组样本中分别计算组内样本方差 $\hat{y}_i^2=\frac{1}{r-1}\sum_{j=1}^{r}(X_{ij}-\hat{E}x_j)^2$，其中，$\hat{E}x_j=\frac{1}{r-1}\sum_{j=1}^{r}X_{ij}(i=1,2,\cdots,m)$。根据正向云发生器，可以认为 $y_1$，$y_2$，…，$y_m$ 是来自 $N(En,He^2)$ 的一组样本。

③从样本 $y_1^2$，$y_2^2$，…，$y_m^2$ 中估计 $\hat{E}n^2$，$\hat{H}e^2$。计算公式为：

$$\hat{E}n^2=\frac{1}{2}\sqrt{4(\hat{E}Y^2)^2-2\hat{D}Y^2}$$

$$\hat{H}e^2=\hat{E}Y^2-\hat{E}n^2$$

其中，

$$\hat{E}Y^2=\frac{1}{m}\sum_{i=1}^{m}\hat{y}_i^2$$

$$\hat{D}Y^2=\frac{1}{m-1}\sum_{i=1}^{m}(\hat{y}_i^2-\hat{E}Y^2)^2$$

（4）算法4：2nd-MBCT-SR（许昌林等，2013）。

**输入：**样本点 $x_i(i=1,2,\cdots,n)$。

**输出：**反映定性概念数字特征的估计值($\hat{E}x$，$\hat{E}n$，$\hat{H}e$)。

**算法步骤：**

①根据给定的一组数据，$x_1$，$x_2$，…，$x_n$，计算样本均值 $\hat{E}x=\frac{1}{n}\sum_{k=1}^{n}x_k$，得到期望 $E_x$ 的估计值。

②对原始样本 $x_1$，$x_2$，…，$x_n$ 采用随机可重复抽样的方法，从中抽取 $m$ 组样本，并保证每组有 $r$ 个样本（$m$ 和 $r$ 为正整数，但是 $m$ 与 $r$ 的乘积不一定等于 $n$)，然后，从分组后的每组样本中再进行组内样本计算：

$\hat{y}_i^2=\frac{1}{r-1}\sum_{j=1}^{r}(x_{ij}-\hat{E}x_i)^2,i=1,2,\cdots,m$，其中，$\hat{E}x_i=\frac{1}{r}\sum_{j=1}^{r}x_{ij}$ 为本组内样本均值。根据正向云变换过程，可认为 $y_1$，$y_2$，…，$y_m$ 是来自正态分

布 $N(En, He^2)$ 的一组样本。

③从样本 $y_1^2, y_2^2, \cdots, y_m^2$ 中计算 $En^2$，$He^2$ 的估计值：

$$\hat{E}n^2 = \frac{1}{2}\sqrt{4(\hat{E}Y^2)^2 - 2\hat{D}Y^2}$$

$$\hat{H}e^2 = \hat{E}Y^2 - \hat{E}n^2$$

其中，

$$\hat{E}Y^2 = \frac{1}{m}\sum_{i=1}^{m}\hat{y}_i^2$$

$$\hat{D}Y^2 = \frac{1}{m-1}\sum_{i=1}^{m}(\hat{y}_i^2 - \hat{E}Y^2)^2$$

#### 6.3.1.6 云算术法则

假设有两个云模型 $C_1$，$C_2$，$C_1(Ex_1, En_1, He_1)$、$C_2(Ex_2, En_2, He_2)$，则云运算遵循算术法则如表 6－1 所示（夏登友，2010）。

**表 6－1　　云算术法则**

| 算法 | $Ex$ | $En$ | $He$ |
|---|---|---|---|
| + | $Ex_1 + Ex_2$ | $\sqrt{En_1^2 + En_2^2}$ | $\sqrt{He_1^2 + He_2^2}$ |
| − | $Ex_1 - Ex_2$ | $\sqrt{En_1^2 + En_2^2}$ | $\sqrt{He_1^2 + He_2^2}$ |
| × | $Ex_1 \times Ex_2$ | $Ex_1 Ex_2\sqrt{\left\lvert\frac{En_1}{Ex_1}\right\rvert^2 + \left\lvert\frac{En_2}{Ex_2}\right\rvert^2}$ | $Ex_1 Ex_2\sqrt{\left\lvert\frac{He_1}{Ex_1}\right\rvert^2 + \left\lvert\frac{He_2}{Ex_2}\right\rvert^2}$ |
| ÷ | $\frac{Ex_1}{Ex_2}$ | $\frac{Ex_1}{Ex_2}\sqrt{\left\lvert\frac{En_1}{Ex_1}\right\rvert^2 + \left\lvert\frac{En_2}{Ex_2}\right\rvert^2}$ | $\frac{Ex_1}{Ex_2}\sqrt{\left\lvert\frac{He_1}{Ex_1}\right\rvert^2 + \left\lvert\frac{He_2}{Ex_2}\right\rvert^2}$ |

### 6.3.2 云模型评价步骤

#### 6.3.2.1 建立评价对象的评价指标集

首先，把评价的目标对象分解成若干子评价指标，每个子评价指标再进行分解。评价指标集可根据具体情况分不同级别的指标集，例如，$U =$

$\{U_1, U_2, \cdots, U_n\}$，其中，$U_1$ 的子指标集为 $U_1 = \{U_{11}, U_{12}, \cdots, U_{1n}\}$，以此类推。

#### 6.3.2.2 建立评价指标的权重因子集

为各层级指标建立权重因子的方法有很多，例如，比较常见的有层次分析法、专家打分以及基于云模型的改进层次分析法确定权重因子集（王洪利，2005；江迎，2012）。一般来说，权重因子集的等级不少于 3 个等级，也不高于 9 个等级。采用云模型改进层次分析法以求取权重因子可以体现权重因子的模糊性和随机性。本书在专家咨询方法的基础上，用云模型进行求取权重因子。

专家给出评价因素权重的若干等级的数值分布范围及其对应的定性语言描述，然后专家给特定的评价因素进行打分，由于这种定性自然语言描述具有模糊性和随机性，因此，其更符合实际。然后，使用云发生器进行定性和定量的转换，通过正向云发生器将定性语言转化为定量表述，然后再用逆向云发生器将定量数字转化为云模型的数字特征，得到云图，以此循环若干次，将得到理想的云图，而此时的数字特征为权重因子。通过对每个评价因素进行求取权重因子后，得到指标的权重因子集。

为了更好地确定每个权重等级，可采用专家意见法，经过多轮的专家评分，从而得到满意的云图。

#### 6.3.2.3 确定评价集

一般地，评价等级可直接给定，但是这些云模型的数字特征值须通过数据分析得到不需要认为给出每个模型的数字特征值。基于云模型的概念生成方法有两种：一种适合基于黄金分割的方法，另一种是基于云变换的数据方法。一般当数据较少时，用黄金分割法；而当数据数量比较大时，使用云变换法，云变换代码如本书附录二所示。

考虑到评价离子型稀土矿开采工艺的打分专家数量有限，本书采用黄金分割法。该方法的基本原理是：将给定的属性或论域看成语言变量，语言值通过云模型进行表达，离论域中心越近，云的熵和超熵就越小；反之，云的熵和超熵就越大，而相邻云的熵和超熵分别是较小和较大者中的 0.618 倍，云的数量一般取奇数，比较常见的为 3 个或 5 个。

#### 6.3.2.4 确定评价值

假设有 $n$ 位评价专家，每位专家都为每个评价指标打最大值和最小值。针对每一个指标，把所有专家打出的最大值和最小值分别进行逆向云和正向云循环若干次，最后分别得到最大值和最小值的满意云图。

#### 6.3.2.5 综合云模型计算

由于每个指标都出现最大值和最小值评价的云图，因此，要将其综合。假设有两个云 $C_1$，$C_2$，$C_1(Ex_1, En_1, He_1)$、$C_2(Ex_2, En_2, He_2)$，并假设 $C_1(x)$ 和 $C_2(x)$ 分别为这两个云的期望曲线，则有综合云模型 $C(Ex, En, He)$ 的数值特征：

$$Ex = \frac{Ex_1 En_{11} + Ex_2 En_{22}}{En_{11} + En_{22}} \tag{6-4}$$

$$En = En_{11} + En_{22} \tag{6-5}$$

$$He = \frac{He_1 En_{11} + He_1 En_{22}}{En_{11} + En_{22}} \tag{6-6}$$

$$En_{11} = \frac{1}{\sqrt{2\pi}}\int ct_{11}(x)\,\mathrm{d}x,\ En_{22} = \frac{1}{\sqrt{2\pi}}\int ct_{22}(x)\,\mathrm{d}x \tag{6-7}$$

#### 6.3.2.6 综合评价

将各指标的综合云评价等级与指标权重加权求和得到。

### 6.3.3 基于组合赋权－云模型的离子型稀土矿开采工艺选择

相关文献对离子型稀土开采堆浸、原地浸矿工艺的原理、生态环境影响及生态修复、资源储量计算等方面做了一系列研究，但是，没有文献在离子型稀土矿开采负外部性的能控性研究的基础上系统开展矿床底板不确定条件下的堆浸、原地浸矿工艺综合评价研究。本书构建基于组合赋权的开采工艺综合评价云模型，通过对堆浸、原地浸矿工艺的综合评价，以期为进一步完善我国离子型稀土矿开采工艺政策和为我国离子型稀土矿产地资源储备决策提供参考。

#### 6.3.3.1 离子型稀土矿开采工艺评价指标的确定

采用专家意见法，对评价指标进行识别。召集20名相关各领域的专家20人，其专业背景包括采矿工程、环境工程（环境科学）、地质工程、森林保护及资源管理等，其中，采矿工程专业5人，环境工程和环境科学专业人数5人，地质工程专业5人，森林保护专业3人，资源管理专业2人。专家职业包括副教授以上职称大学教师、矿山开采技术负责人、矿产勘查、环保局及矿产资源管理部门总工程师等，每种职业人数各占总人数的20%。采用表6－2进行影响因素识别。

**表6－2　离子型稀土矿堆浸、原地浸矿工艺选择影响因素对照表**

| 类型 | 序号 | 影响因素 | 是否为影响因素 | 备注 |
|---|---|---|---|---|
| 经济性影响 | 1 | 投资额 | | |
| | 2 | 投资回收期 | | |
| | 3 | 经济内部收益率 | | |
| | 4 | 净现值率 | | |
| 资源开发利用程度 | 5 | 采选综合回收率 | | |
| | 6 | 回采率（浸出率） | | |
| | 7 | 资源渗漏量（率） | | |
| | 8 | 资源二次回收率 | | |
| | 9 | 水循环回收率 | | |
| | 10 | 尾砂可利用性 | | |

续表

| 类型 | 序号 | 影响因素 | 是否为影响因素 | 备注 |
|---|---|---|---|---|
| 生态环境影响 | 11 | 生态植被破坏程度 | | |
| | 12 | 生态植被可修复性 | | |
| | 13 | 水土污染防治 | | |
| | 14 | 地下水渗漏防治 | | |
| | 15 | 矿山地质灾害 | | |

资料来源：根据邹国良（2016）文献资料整理而得。

考虑到该评价指标体系以保护资源和生态环境为主要目标，经济性为次要目标，因此拟建立的评价指标体系主要从资源损失和生态环境损失等方面选取评价指标，并不体现经济性指标。因此，通过专家识别，得到离子型稀土矿堆浸、原地浸矿工艺选择的影响因素如表 6－3 所示。

**表 6－3　　离子型稀土矿堆浸、原地浸矿工艺选择影响因素识别**

| 类型 | 序号 | 影响因素 | 是否为影响因素 |
|---|---|---|---|
| 经济性影响 | 1 | 投资额 | 否 |
| | 2 | 投资回收期 | 否 |
| | 3 | 经济内部收益率 | 否 |
| | 4 | 净现值率 | 否 |
| 资源开发利用程度 | 5 | 采选综合回收率 | 是 |
| | 6 | 回采率（浸出率） | 是 |
| | 7 | 资源渗漏量（率） | 是 |
| | 8 | 资源二次回收率 | 是 |
| | 9 | 水循环回收率 | 是 |
| | 10 | 尾砂可利用性 | 否 |
| 生态环境影响 | 11 | 生态植被破坏程度 | 是 |
| | 12 | 生态植被可修复性 | 是 |
| | 13 | 水土污染防治 | 是 |
| | 14 | 地下水渗漏防治 | 是 |
| | 15 | 矿山地质灾害 | 是 |

资料来源：根据邹国良（2016）文献资料整理而得。

然后，将表6－3中的离子型稀土矿堆浸、原地浸矿工艺选择影响因素归类，并结合层次分析法，得到离子型稀土矿开采工艺选择评价的指标体系，如图6－7所示。将影响堆浸、原地浸矿工艺选择的因素分为“资源损失”“污染水土”“矿山地表植被破坏及水土流失”“矿山开采引发的地质灾害”四大类，每类影响因素又分为若干子评价指标，例如，从“资源损失的程度”和“损失资源的可回收性”评价“稀土资源损失”程度。

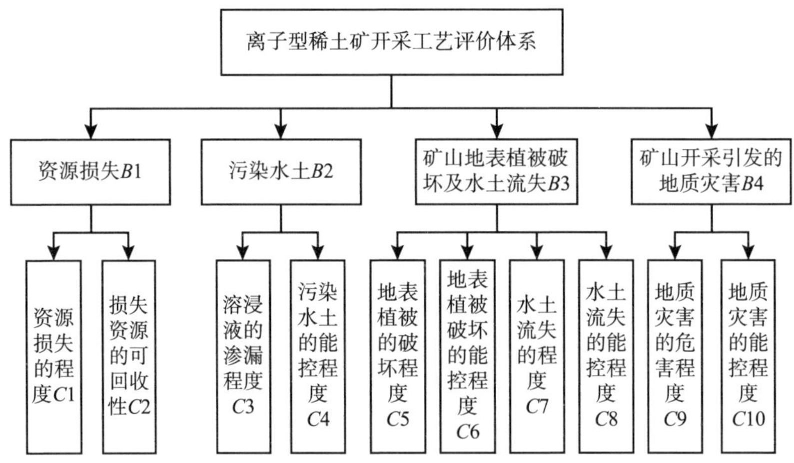


**图6－7　离子型稀土矿开采工艺评价指标体系**

资料来源：根据邹国良（2021）文献资料整理而得。

在已有研究的基础上（丁嘉榆，2017），遵循科学规范和可操作性的原则，考虑现代控制理论的能观测性和能控性，从资源损失和生态环境保护视角，将离子型稀土矿开采负外部性进行分类，构建了离子型稀土矿开采工艺评价指标体系，如图6－7所示。指标体系包含“资源损失”“污染水土”“矿山地表植被破坏及水土流失”“矿山开采引发的地质灾害”四个方面，共十个具体指标。

#### 6.3.3.2　指标组合权重的确定

在构建离子型稀土矿开采工艺评价指标体系的基础上，采用CRITIC-

G1 法的组合赋权方法（柯斌，2020）确定权重，以解决过度依赖主观经验和克服缺乏决策经验指导而造成权重不合理的问题。

（1）指标标准化处理。由于评价指标具有不同的量纲，不具可比性，首先运用方程（6－8）和方程（6－9）分别对正向指标和负向指标进行标准化处理。

$$b_{ij}=\frac{\max C_j-C_j^i}{\max C_j-\min C_j} \tag{6-8}$$

$$b_{ij}=\frac{C_j^i-\min C_j}{\max C_j-\min C_j} \tag{6-9}$$

其中，$b_{ij}$表示指标规范化处理后的标准值，$\max C_j$ 和 $\min C_j$ 分别表示所有方案中的最大指标值和最小指标值。

（2）CRITIC 法客观赋权。CRITIC 法是一种客观赋权法，利用标准差和相关系数来反映自身属性差异程度和相关程度，从而确定权重（傅为忠，2020）。计算步骤如下：

第一步：计算标准差。评价指标 $C_j$ 的标准差为：

$$\sigma_j=\sqrt{\frac{\sum_{i=1}^{m}(C_j^i-\overline{C_j})^2}{m-1}} \tag{6-10}$$

其中，$m$ 为评价方案数；$\overline{C_j}$为评价指标 $C_j$ 的平均值，$C_j^i$ 为第 $i$ 个方案评价指标 $C_j$ 的指标值。

第二步：计算指标 $C_j$ 和 $C_p$ 之间的相关系数。

$$r_{jp}=\frac{\sum_{i=1}^{m}(C_j^i-\overline{C_j})(C_p^i-\overline{C_p})}{\sqrt{\sum_{i=1}^{m}(C_j^i-\overline{C_j})^2(C_p^i-\overline{C_p})^2}} \tag{6-11}$$

其中，$\overline{C_p}$为评价指标 $C_p$ 的平均值，$C_p^i$ 为第 $i$ 个方案评价指标 $C_p$ 的指标值。

第三步：计算指标 $C_j$ 的涵盖信息量 $G_j$。

$$G_j=\sigma_j\sum_{p=1}^{n}(1-r_{jp}) \tag{6-12}$$

第四步：计算指标 $C_j$ 的客观权重 $w_{Oj}$。

$$w_{Oj} = \frac{G_j}{\sum_{j=1}^{n} G_j} \tag{6-13}$$

（3）G1 法主观赋权。G1 法又称序关系法，通过对各指标进行定性排序，然后根据排序结果对相邻指标之间的重要程度进行比较判断，得出各指标权重系数（Wang，2017）。计算步骤如下：

第一步：确定同一层级各指标之间的序关系。

对指标 $C_1$，$C_2$，$C_3$，…，$C_{j-1}$，$C_j$，…，$C_n$ 根据重要程度排序，记作 $C_1^* > C_2^* > C_3^* > \cdots > C_{j-1}^* > C_j^* > \cdots > C_n^*$。

第二步：专家对相邻指标的相对重要程度 $r_j$ 赋值。其中，$r_j$ 为第 $j-1$ 个指标与第 $j$ 个指标的相对重要程度，$r_j$ 越大说明第 $j-1$ 个指标相对于第 $j$ 个指标越重要。

第三步：根据赋值，排序后第 $j$ 个评价指标 $C_j^*$ 的权重为：

$$w_j^* = \left(1 + \sum_{i=2}^{j} \prod_{k=i}^{j} r_k\right)^{-1} \tag{6-14}$$

$$w_{j-1}^* = r_j w^*, \quad (i=j,\ j-1,\ j-2,\ \cdots,\ 3,\ 2) \tag{6-15}$$

第四步：根据 $w_j^*$ 反调整原指标得到主观权重系数 $w_{Sj}$。

根据第一步的序关系，将 $w_j^*$ 反调整得到排序前指标 $j$ 的权重系数。

（4）基于 CRITIC-G1 法的组合权重确定。根据 CRITIC 法和 G1 法分别得到客观权重 $w_{Oj}$和主观权重 $w_{Sj}$，则组合权重 $w_j$ 计算公式为：

$$w_j = \frac{w_{Oj} \times w_{Sj}}{\sum_{j=1}^{n} w_{Oj} \times w_{Sj}}, \quad (j = 1,\ 2,\ \cdots,\ n) \tag{6-16}$$

（5）评价指标权重的确定。为确定指标权重，基于前文描述的 CRITIC-G1 法，邀请 10 位熟悉离子型稀土矿开采的相关领域专家，结合专业知识和从业经验对离子型稀土矿开采工艺评价指标进行相对重要程度判断（山红梅，2018；李江龙，2020）。专家的专业、职称或职务、从事离子型稀土矿浸取研究和相关工作的任职年限、对离子型稀土浸取工艺及其对资源和生态环境影响的了解程度等情况如表 6－4 所示。结合方程（6－8）~方程（6－16），得出指标权重如表 6－5 所示。

**表 6－4　专家的基本情况介绍**

| 专家编号 | 专业（研究方向） | 职称（职务） | 任职年限 | 了解程度 |
| --- | --- | --- | --- | --- |
| 专家 1 | 采矿工程 | 教授 | 16 年以上 | 非常了解 |
| 专家 2 | 采矿工程 | 教授 | 6~10 年 | 很了解 |
| 专家 3 | 矿业经济 | 教授 | 6~10 年 | 较了解 |
| 专家 4 | 矿业经济 | 副教授 | 6~10 年 | 很了解 |
| 专家 5 | 资源管理 | 副教授 | 1~3 年 | 较了解 |
| 专家 6 | 资源管理 | 教授 | 6~10 年 | 很了解 |
| 专家 7 | 环境工程 | 高级工程师 | 16 年以上 | 非常了解 |
| 专家 8 | 环境工程 | 工程师 | 4~5 年 | 很了解 |
| 专家 9 | 地质工程 | 研究员 | 16 年以上 | 非常了解 |
| 专家 10 | 地质工程 | 中级工程师 | 6~10 年 | 很了解 |

资料来源：根据邹国良（2021）文献资料整理而得。

**表 6－5　离子型稀土矿开采工艺评价指标权重**

| 一级指标 | 权重 | 二级指标 | 权重 | | |
| --- | --- | --- | --- | --- | --- |
| | | | CRITIC 法 | G1 法 | 综合 |
| 资源损失 *B*1 | 0.2990 | *C*1 | 0.1105 | 0.1215 | 0.1336 |
| | | *C*2 | 0.0978 | 0.1700 | 0.1654 |
| 污染水土 *B*2 | 0.2938 | *C*3 | 0.1016 | 0.1458 | 0.1474 |
| | | *C*4 | 0.1009 | 0.1458 | 0.1464 |
| 矿山地表植被破坏及水土流失 *B*3 | 0.2453 | *C*5 | 0.1020 | 0.0622 | 0.0631 |
| | | *C*6 | 0.1134 | 0.0745 | 0.0840 |
| | | *C*7 | 0.0971 | 0.0444 | 0.0429 |
| | | *C*8 | 0.0894 | 0.0622 | 0.0553 |
| 矿山开采引发的地质灾害 *B*4 | 0.1619 | *C*9 | 0.1047 | 0.0868 | 0.0904 |
| | | *C*10 | 0.0828 | 0.0868 | 0.0715 |

资料来源：根据邹国良（2021）文献资料整理而得。

从表6－5的四个一级指标权重可以看出，“资源损失”“污染水土”指标的权重最大且相当，“矿山地表植被破坏及水土流失”指标的权重次之，“矿山开采引发的地质灾害”指标的权重最小。这与《中华人民共和国矿产资源法》《中华人民共和国环境保护法》及“两山”理论对资源环境的要求相一致。

#### 6.3.3.3 离子型稀土矿开采工艺评价云模型

（1）云模型定义。

云模型由中国工程院院士李德毅教授于1995年提出，是结合了概率论和模糊数学理论实现定性与定量相互转化的数学模型。云模型能够解决复杂性和不确定性的问题，揭示随机性和模糊性之间的内在关系，比传统评价方法更符合客观事实且评价结果精确度更高，在数据发掘、决策评价个人工智能等领域应用广泛（赵辉，2019）。

云模型基本定义：假设 $U$ 为一个用精确数值表示的定量论域，$C$ 为 $U$ 上的定性概念，若定量元素 $x \in U$，且 $x$ 是定性概念 $C$ 的一次随机实现，$x$ 对 $C$ 的隶属度 $\mu_c(x) \in [0, 1]$ 是一个具有稳定倾向的随机数，即 $\mu_c(x)$：$U \rightarrow [0, 1]$，$\forall x \in U$，$x \rightarrow \mu_c(x)$，则 $x$ 在论域 $U$ 上的分布称为云，$x$ 称为云滴。云由众多云滴组成，每个云滴都是定性概念在论域上的映射，云滴遵循一定的概率分布，且云滴数量越多越能反映出定性概念的模糊性和随机性，定性概念的整体特征也越容易在云图上体现出来（周晓晔，2014）。何永贵（2020）通过 MATLAB 软件模拟，将云滴数量设置为2000个。

云模型的数字特征有3个，分别为期望 $Ex$，熵 $En$ 和超熵 $He$，云图由3个数字特征描绘的云滴构成，体现定性概念定量化特征。其中，$Ex$ 反映定性概念在论域空间的信息中心值，即云滴在空间分布的期望值；$En$ 是对定性概念的不确定性的度量，即云滴的离散程度和波动区间；$He$ 是对熵的不确定度量，反映云滴的凝聚性，超熵越大，云的厚度也越大（孟俊娜，2016）。

（2）云模型算法。

云模型中云图的生成算法为正态云发生器，分为正向云发生器和逆向云发生器（Murray，Ray and Nelson，2009）。正向云发生器是能将定性概念转换为定量值的算法，本书用来生成云滴，算法如下：

①生成正态随机数：

$$En' \sim N(En,\ He^2)$$

②生成正态随机数：

$$x \sim N(Ex,\ En'^2)$$

③求云滴：

$$\mu_i(x_i) = \exp\left[-\frac{(x - Ex)^2}{2En'^2}\right]$$

④重复步骤①~步骤③，直到生成 $n$ 个云滴。

逆向云发生器是实现定量值转化为定性概念的算法，本书用来将评价值转化为云模型数字特征，算法如下：

①计算均值：

$$Ex = \overline{X} = \frac{1}{n}\sum_{i=1}^{n} x_i$$

②计算方差：

$$S^2 = \frac{1}{n-1}\sum_{i=1}^{n}(x_i - \overline{X})^2$$

③计算云数字特征：

$$\begin{cases} Ex = \overline{X} \\ En = \sqrt{\dfrac{\pi}{2}} \times \dfrac{1}{n}\sum\limits_{i=1}^{n} |x_i - Ex| \\ He = \sqrt{S^2 - En^2} \end{cases}$$

（3）云模型综合评价步骤。

①确定开采工艺评价集。评价标准云图是开采工艺评价的对照基准，根据五级标度法在论域［0，1］内将离子型稀土开采工艺评价等级划分为“很

差”“差”“一般”“好”“很好”，采用黄金分割比率法确定评价集云模型数字特征，选取“一般”等级的云模型数字特征为（0.500，0.039，0.003），相邻的评语等级的数字特征之间的倍数为0.618（李万庆，2015）。评价标准云图的数字特征如表6-6所示，绘制评价标准云图如图6-8所示。

**表6-6　评价等级的云数字特征**

| 评价等级 | 云数字特征 |
|---|---|
| 很差 | （0.000，0.103，0.008） |
| 较差 | （0.309，0.064，0.005） |
| 一般 | （0.500，0.039，0.003） |
| 较好 | （0.691，0.064，0.005） |
| 很好 | （1.000，0.103，0.008） |

资料来源：根据邹国良（2021）文献资料整理而得。

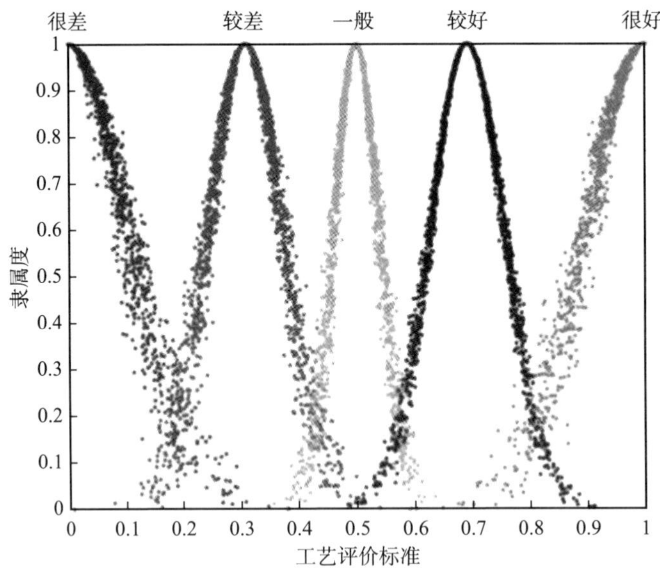


**图6-8　开采工艺评价标准云图**

资料来源：根据邹国良（2021）文献资料整理而得。

②确定云模型评价值。邀请专家对二级评价指标进行打分，遵循双边约束对每个指标给出最低分和最高分，分值区域设为［0，1］，对同一指标所有专家的打分运用逆向云发生器算法分别算出最低分和最高分的云数字特征（$Ex_C^{\min}$，$En_C^{\min}$，$He_C^{\min}$）、（$Ex_C^{\max}$，$En_C^{\max}$，$He_C^{\max}$）。

通过综合云算法得出每个指标的综合云数字特征，并运用 MATLAB 软件生成云图，根据云图形状，对专家意见进行反馈，多次调整循环，直至生成满意的云图。

综合云算法如下：

$$\begin{cases} Ex_C = \dfrac{Ex_C^{\min} En_C^{\min} + Ex_C^{\max} En_C^{\max}}{En_C^{\min} + En_C^{\max}} \\ En_C = En_C^{\min} + En_C^{\max} \\ He_C = \dfrac{He_C^{\min} En_C^{\min} + He_C^{\max} En_C^{\max}}{En_C^{\min} + En_C^{\max}} \end{cases} \tag{6-17}$$

③综合评价。根据二级指标云的数字特征与组合权重进行加权运算，得出一级指标的云数字特征和离子型稀土开采工艺综合评价的云数字特征，然后利用正向云发生器生成评价云图。加权算法如下：

$$\begin{cases} Ex = \dfrac{\sum_{j=1}^{n} Ex_j w_j}{\sum_{j=1}^{n} w_j} \\ En = \dfrac{\sum_{j=1}^{n} En_j w_j^2}{\sum_{j=1}^{n} w_j^2} \\ He = \dfrac{\sum_{j=1}^{n} He_j w_j^2}{\sum_{j=1}^{n} w_j^2} \end{cases} \tag{6-18}$$

（4）算例分析。

基于上述模型与理论，以离子型稀土矿开采的原地浸矿工艺和堆浸工艺为评价对象，在离子型稀土资源储量以及矿山矿床底板基岩发育完整度和风化度不确定的情况下，邀请前述10位专家进一步熟悉现有离子型稀土资源开采相关政策，考虑离子型稀土资源开采资源损失和生态环境破坏的能控性，严格遵循《中华人民共和国矿产资源法》《中华人民共和国环境保护法》的“边开采边复垦”以及严格控制开采周期的原则，根据相关资料及打分规则，对评价指标在［0，1］内给出最低分与最高分，打分结合实际和从业经验以及专业知识，以确保打分结果相对科学可靠，并综合结果进行多次反馈调整。

根据逆向云发生器计算出二级指标的最低分云数字特征和最高分云数字特征，并依据方程（6－18）计算出每个指标的综合云数字特征，原地浸矿工艺与堆浸工艺评价的二级指标云数字特征分别如表6－7和表6－8所示。

**表6－7　原地浸矿工艺评价二级指标云数字特征**

| 指标 | 最低分云数字特征 | 最高分云数字特征 | 综合云数字特征 |
| --- | --- | --- | --- |
| *C1* | (0.728, 0.053, 0.012) | (0.810, 0.042, 0.014) | (0.764, 0.094, 0.013) |
| *C2* | (0.210, 0.028, 0.014) | (0.273, 0.040, 0.006) | (0.247, 0.068, 0.009) |
| *C3* | (0.688, 0.051, 0.019) | (0.753, 0.031, 0.003) | (0.712, 0.082, 0.013) |
| *C4* | (0.299, 0.044, 0.006) | (0.326, 0.049, 0.020) | (0.280, 0.093, 0.013) |
| *C5* | (0.160, 0.050, 0.014) | (0.247, 0.046, 0.010) | (0.202, 0.097, 0.012) |
| *C6* | (0.763, 0.035, 0.014) | (0.844, 0.033, 0.017) | (0.802, 0.068, 0.016) |
| *C7* | (0.107, 0.029, 0.010) | (0.196, 0.024, 0.009) | (0.147, 0.053, 0.009) |
| *C8* | (0.642, 0.055, 0.012) | (0.732, 0.041, 0.011) | (0.681, 0.096, 0.012) |
| *C9* | (0.264, 0.050, 0.001) | (0.342, 0.047, 0.017) | (0.302, 0.097, 0.009) |
| *C10* | (0.704, 0.059, 0.005) | (0.799, 0.049, 0.017) | (0.747, 0.108, 0.010) |

表 6－8　　　　　　堆浸工艺评价二级指标云数字特征

| 指标 | 最低分云数字特征 | 最高分云数字特征 | 综合云数字特征 |
| --- | --- | --- | --- |
| *C*1 | (0.251，0.041，0.021) | (0.343，0.048，0.004) | (0.301，0.089，0.012) |
| *C*2 | (0.799，0.019，0.013) | (0.889，0.027，0.003) | (0.852，0.046，0.007) |
| *C*3 | (0.214，0.049，0.020) | (0.317，0.063，0.011) | (0.272，0.112，0.015) |
| *C*4 | (0.780，0.045，0.006) | (0.880，0.036，0.006) | (0.825，0.081，0.006) |
| *C*5 | (0.882，0.030，0.011) | (0.936，0.021，0.007) | (0.904，0.052，0.009) |
| *C*6 | (0.753，0.063，0.017) | (0.846，0.040，0.014) | (0.789，0.103，0.016) |
| *C*7 | (0.816，0.025，0.012) | (0.903，0.021，0.008) | (0.856，0.047，0.010) |
| *C*8 | (0.742，0.031，0.013) | (0.833，0.020，0.003) | (0.778，0.051，0.009) |
| *C*9 | (0.478，0.059，0.012) | (0.574，0.041，0.012) | (0.518，0.100，0.012) |
| *C*10 | (0.668，0.056，0.006) | (0.863，0.032，0.004) | (0.740，0.089，0.005) |

资料来源：根据邹国良（2021）文献资料整理而得。

根据二级指标的综合云数字特征，运用公式计算出原地浸矿工艺与堆浸工艺评价的一级指标云数字特征，如表 6－9 所示。

表 6－9　　　原地浸矿工艺与堆浸工艺评级一级指标云数字特征

| 一级指标 | 云数字特征 | |
| --- | --- | --- |
| | 原地浸矿工艺 | 堆浸工艺 |
| *B*1 | (0.478，0.078，0.011) | (0.606，0.063，0.009) |
| *B*2 | (0.497，0.087，0.013) | (0.547，0.097，0.011) |
| *B*3 | (0.506，0.079，0.013) | (0.828，0.074，0.012) |
| *B*4 | (0.499，0.101，0.009) | (0.616，0.096，0.009) |

资料来源：根据邹国良（2021）文献资料整理而得。

最后，根据一级指标的云数字特征与权重加权运算，得出原地浸矿工艺与堆浸工艺的综合评价云数字特征分别为（0.494，0.027，0.012）和

(0.645, 0.080, 0.010)，并运用 MATLAB 软件生成开采工艺综合评价云图如图 6-9 所示。

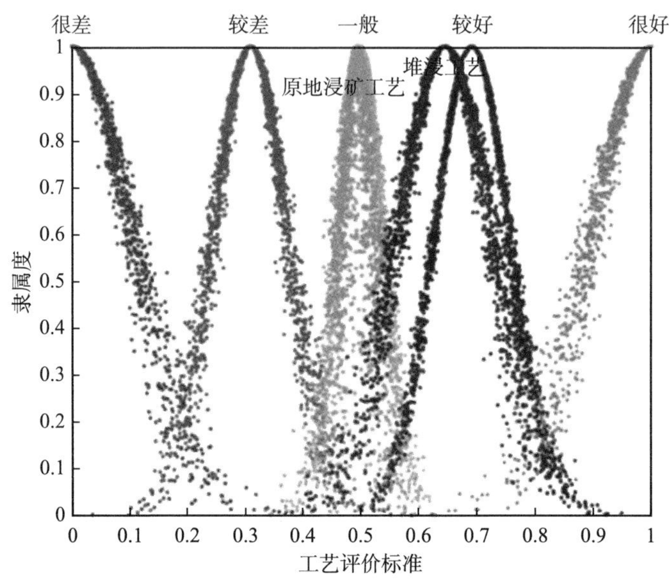


**图 6-9 离子型稀土矿开采工艺综合评价云图**

资料来源：根据邹国良（2021）文献资料整理而得。

由图 6-9 可知，原地浸矿工艺和堆浸工艺的综合评价分别在 0.494 和 0.645 处隶属度最高，云滴也最为密集，综合评价结果具有一定的模糊性和随机性，但相对稳定。对比工艺评价的标准云图可知，原地浸矿工艺处于“较差”与“一般”之间并靠近“一般”的评价等级，堆浸工艺处于“一般”与“较好”之间并靠近“较好”的评价等级，这说明在矿床底板发育程度不确定的情况下，从资源损失和保护环境的角度评价来看，采用堆浸工艺要优于原地浸矿工艺，这与“推广原地浸矿工艺、禁止堆浸工艺”的现有政策有较大出入，但与 2015 年至今赣南离子型稀土主产区基本停产的实际相吻合。专家认为，原地浸矿工艺在稀土资源损失和地下水污染等方面不太可控，且新一代原地浸矿无铵浸取剂虽然能减少地下水氨氮化，但是现有政策未体现镁离子排放标准；而堆浸工艺在严格按照矿产资源法和环境保护法等要求的边开采边复垦以及控制开采周期的情况下，对水土污染和地表植被等生态环境破坏具有可修复与可控性，其资源损失也可控。因此，对于矿床底板发育程度不确定的矿山，采用堆浸工艺要优于原地浸矿工艺。

## 6.4 不确定性条件下离子型稀土矿开采时机选择

由第6.3节研究结论可知，不确定性条件下离子型稀土矿采用堆浸工艺好于采用原地浸矿工艺。当采用堆浸工艺时，离子型稀土矿开采时机可参照第5章“确定性条件下堆浸开采时机”的研究结论，即当混合稀土氧化物影子价格大于等于 $P_0$ 时，矿山才值得开采，即：$P \geqslant P_0$，其中：

$$P_0 = \Big[ Cjj + \frac{(Cjb_{11} + Cld_1 + Cjy_1)}{(1+i_0)} + \frac{(Cjb_{12} + Cjb_{21} + Cld_2 + Cjy_2 + Cpw_1 + Csh_1 + Cst_1)}{(1+i_0)^2} + \frac{(Cjb_{13} + Cjb_{22} + Cpw_2 + Csh_2 + Cst_2 - Cld_{s1})}{(1+i_0)^3} + \frac{(Cjb_{14} + Cjb_{23})}{(1+i_0)^4} + \frac{(Cjb_{15} + Cjb_{24})}{(1+i_0)^5} + \frac{(Cjb_{16} + Cjb_{25})}{(1+i_0)^6} + \frac{(Cjb_{17} + Cjb_{26})}{(1+i_0)^7} + \frac{Cjb_{27}}{(1+i_0)^8} - \frac{(Cgy + Cld_{s2})}{(1+i_0)^9} \Big] \Big/ \Big[ \frac{S_1}{(1+i_0)^2} + \frac{S_2}{(1+i_0)^3} \Big]$$

## 6.5 主要结论

本章主要探讨了矿床底板基岩发育程度等不明确条件下的离子型稀土矿开采工艺及开采时机决策模型。主要内容为：

（1）提出采用云模型评价离子型稀土矿床底板基岩发育程度等不明确条件下的堆浸、原地浸矿工艺。鉴于云决策模型具有解决不同人对同一问题的认知会逐步统一，以及能将难以定量化的问题（如地下水污染造成环境损失的估算）先转化为定性问题再转为定量问题加以解决的优点，因此，采用云决策模型优选离子型稀土矿矿床底板基岩发育完整度不确定条件下的开采工艺。基于保护资源和生态环境的目的，离子型稀土矿开采工艺评价指标体系的构建不仅要考虑矿山开采负外部性的影响程度评价指标，而且还应考虑基于现代控制理论考虑矿山开采负外部性的能控性评价指标，从而更加贴近离子型稀土矿开采实际。

（2）构建了评价离子型稀土矿开采工艺的评价指标体系；基于专家咨询法和黄金分割率法，确定了权重因子集和评价集，得到权重等级云图和评价等级云图。在离子型稀土矿开采工艺云评价模型确定指标权重时，采用 CRITIC-G1 法组合赋权使权重更为准确。

（3）基于 CRITIC-G1 组合赋权的云模型评价，得到堆浸工艺位于“一般”与“较好”评价等级之间且偏向于“较好”，原地浸矿工艺位于“较差”与“一般”等级之间且偏向于“一般”，从而表明在资源储量、矿床底板发育程度等不确定开采条件下和严格执行《中华人民共和国矿产资源法》《中华人民共和国环境保护法》的前提下，堆浸工艺稍优于原地浸矿工艺。

（4）探讨了离子型稀土矿床底板基岩发育程度等不明确条件下矿山开采时机问题。鉴于离子型稀土矿床底板基岩发育程度等不明确条件下堆浸工艺好于原地浸矿工艺的结论，不确定性条件下离子型稀土矿开采时机即为确定性条件下的离子型稀土矿堆浸条件下开采时机。

# 第 7 章 离子型稀土矿开采决策模型在 A 稀土矿的应用

## 7.1 A 离子型稀土矿基本情况①

### 7.1.1 矿区地理位置

A 矿位于相距 XF 县城约 7 千米处，矿区面积 0.2496 平方千米。

### 7.1.2 矿体规模、形态及产状

A 矿矿体分布在基岩为中细粒黑云母二长花岗岩的风化壳中上部位置，矿体南北长约 330 米，东西宽约 250 米，呈左右不规则多边形形状。矿体垂向位于 170 ~ 210 米海拔标高，其中，山顶（山脊）矿体厚度大于山腰矿体厚度，且山坡两翼以及坡脚矿体厚度较薄。矿体东部产状西部产状更平缓，单工程揭露厚度一般为 4.00 ~ 10.00 米。各个块段矿体厚度变化范

① 本部分根据北京矿冶研究总院（2012）文献整理。

围为2.0~7.7米，矿体厚度变化系数约为38.40%；矿体埋藏深度为0~6.0米。矿石$TR_2O_3$品位大部分为0.054%~0.247%，矿床$TR_2O_3$平均品位约为0.118%，总体上A矿品位变化较均匀型。

### 7.1.3 矿石类型、品位及分配特征

#### 7.1.3.1 *矿石类型*

据相关地质调查和化验测试资料表明，A矿区岩石风化后呈松散土状，质地极疏松，捏制成粉末状，透水性中等。稀土元素以离子状态吸附于次生黏土矿物之中，矿床的矿石类型属风化壳离子吸附型稀土矿石。

#### 7.1.3.2 *矿石品位*

2011年核实调查工作的化学分析样品全部测定稀土全相品位及浸取离子相品位，根据矿区130个化学样品测试结果统计，最高（$TR_2O_3$）品位达0.247%，最低品位0.010%，平均品位0.085%，矿块品位同全矿山品位比较，其变化系数在30%~45%。单个样品品位高于0.2%的约占0.77%，品位位于0.05%~0.2%的约占70.0%；单个样品品位为0.025%~0.05%约占23.85%；小于0.025%的约占6.15%。稀土品位变化范围大多数处于全矿山平均品位的-8.5~+3.0倍，没有特高品位，矿化连续性较好，品位较为均匀。

#### 7.1.3.3 *矿床成因类型*

根据已有资料，A矿区的稀土元素主要呈离子吸附状态赋存于中细粒黑云母二长花岗岩风化壳中，故本矿床的成因类型归属于次生富集离子吸附型稀土矿床。

#### 7.1.3.4 构造特征

矿区断裂构造简单，区内没有发现比较大的构造形迹，而只看见一系列裂隙构造，北东向扭压性质，裂隙构造总体走向北东，倾向南东，断续延伸较长。

#### 7.1.3.5 气候、地形地貌及水文特征

矿区处亚热带季风气候，雨量充沛，四季分明，无霜期长。据XF县气象局资料，区域内年平均气温19.6℃。1986～2011年内日最高气温为40℃；最低温度为-5.1℃。年平均降水量为1503.8毫米，年最大降水量为2001.7毫米，日最大降水量为142.1毫米。矿区处于侵蚀构造低山丘陵地形区。区内海拔标高160～250米，相对高差50～100米。山体地势低矮，波状起伏，丘顶圆，山脊宽。沟谷多呈U形，平均坡度小于30°。山坡坡度一般为15°～30°，局部山坡坡度达35°。植被较发育，矿区范围内地表水体较发育，主要为受季节影响较大的山间沟谷溪流，平水期流量0.5～100升/秒，部分在枯水季节干涸，洪水期流量基本上为平水期的2～3倍。

#### 7.1.3.6 工程地质

矿区内自然斜坡主要为岩土质混合斜坡，斜坡结构类型主要为块状坡，坡度主要为25°～40°；斜坡高度20～150米；坡体上部几乎为全风化层，下部基岩有裂隙，且裂隙较发育。岩体结构主要呈块状类型，没有软弱夹层，强风化带厚度变化范围为1～10米，坡体上部土体厚度为0.3～1.5米。该矿山自然斜坡稳定性比较差，如果在降雨或者注液等因素的诱发下，则比较容易造成滑坡和崩塌事故。该矿山地形地貌较简单，自然排水条件较好，因此，该矿山工程地质条件总体属于中等地质条件。

#### 7.1.3.7 泥石流地质灾害特征

矿区地表沟谷较发育，矿区内所受开采区段尾砂影响的沟谷属于泥石流中易发区，其他地方则属于泥石流低易发区。

#### 7.1.3.8 矿块储量

经评审备案保有（122b + 333）类资源储量：矿石量为 38.94 万吨，$TR_2O_3$ 为 266.2 吨，$SR_2O_3$ 为 239.6 吨。其中 122b 类矿石量为 29.91 万吨，$TR_2O_3$ 为 222.22 吨，$SR_2O_3$ 为 200 吨；333 类矿石量为 9.03 万吨，$TR_2O_3$ 为 73.33 吨，$SR_2O_3$ 为 66 吨。考虑到 333 类资源储量级别较低，根据矿业权评估中对 333 类资源储量可信度系数取值为 0.5 ~ 0.8 的要求，可信度系数取 0.6，所以设计矿石量 0.6 × 9.03 = 5.42（万吨），$TR_2O_3$ 储量为 0.6 × 112 = 67.2（吨），$SR_2O_3$ 储量为 0.6 × 66 = 39.6（吨）。

## 7.2 A 离子型稀土矿开采工艺决策

### 7.2.1 原地浸矿工艺条件下经济净现值率决策模型

#### 7.2.1.1 矿山服务年限计算

按年生产 REO 能力按 65 吨（折算成 92% 的氧化稀土），开采回采率及选矿回收率根据《稀土资源合理开发利用“三率”最低指标要求（试行）》中“原地浸矿开采离子型稀土的矿山企业，其开采回采率不低于 84%（浸出相）、选矿回收率不低于 90%”的要求，选取开采回采率为 84%，选矿回收率为 90%，采选综合回收率按 75.6%，矿山服务年限约为 3 年，具体计算如下：

服务年限应按下式计算：

$$T=\frac{Q\eta}{0.92A} \tag{7-1}$$

其中，$T$ 表示矿山服务年限（年）；$Q$ 表示设计离子型稀土资源储量（SREO，吨）；$\eta$ 表示采选综合回收率（%）；$A$ 表示生产能力，生产稀土氧化物量（REO，吨/年）；0.92 表示折算成92%的氧化稀土。

$$T=\frac{Q\eta}{0.92A}=\frac{239.6\times0.756}{0.92\times65}\approx3.03\text{（年）}$$

7.2.1.2　A 矿山采后生态自我修复条件下开采决策

根据原地浸矿工艺条件下的离子型稀土矿开采效益流入及费用流出发生的时点绘制矿山开采生态自我修复条件下项目投资经济效益和费用流量，如图 7-1 所示。

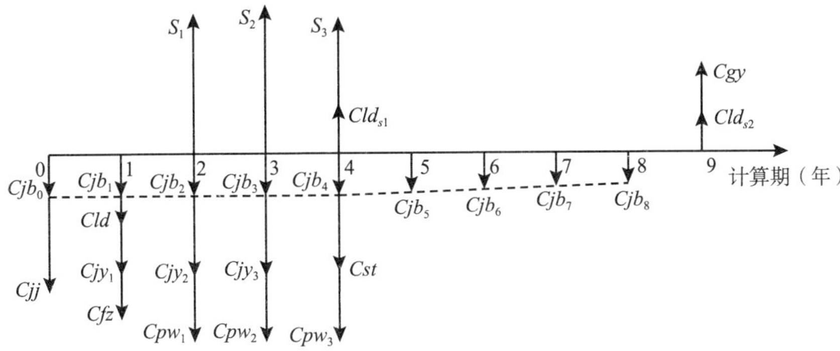


**图 7-1　矿山开采生态自我修复条件下项目投资经济效益和费用流量**

图 7-1 中：

（1）A 矿区森林生态系统服务功能价值补偿费 $Cjb_m$（$m=0, 1, 2, \cdots, 8$）。

包括提供产品、调节、文化等功能价值，以补偿因矿山地表布置注液孔（井）等造成的森林损失。森林生态服务价值补偿费用流出发生在第 1 年至第 9 年每年年初，由于第 4 年年末矿山开采结束，因此，第 1 年到第 5

年每年年初森林生态服务价值补偿费相等，第 6 年至第 9 年每年年初森林生态服务价值补偿费逐年递减。

考虑相关基础数据不足的问题，A 矿区森林生态系统服务功能价值补偿标准参照 A 矿区所在江西省的全省森林生态系统服务功能价值补偿标准。

已知 2009 年江西省林业用地面积为 10. 72 万平方千米，该年森林生态系统服务功能价值为 8233. 11 亿元，其中：森林涵养水源 3567. 14 亿元/年、保育土壤 1112. 32 亿元/年、积累营养物质 71. 46 亿元/年、净化大气 412. 47 亿元/年、防护农田 56. 50 亿元/年、固碳释氧为 1590. 02 亿元/年、降低噪声 43. 30 亿元/年（中国绿色时报，2012）。此外，2013 年 A 矿所在地区第一产业生产总值指数为 880. 54，2009 年 A 矿所在地区第一产业生产总值指数为 737。A 矿区面积为 0. 2496 平方千米。

$$\text{A 矿区第 1 年整个森林生态系统服务功能价值} = \frac{8233.11 \times 0.2496 \times 100 \times 880.54}{1072 \times 10000 \times 737} \approx 229.03\ (\text{万元})$$

由于原地浸矿开采期间大约破坏 20% 的植被（徐占军等，2012），因此，A 矿区第 1 年森林生态系统服务功能价值补偿 $Cjb_0 = 229.03 \times 0.20 \approx 45.81$（万元）。

此外，开采作业期间植被不易自我修复，因此，前 5 年每年森林生态系统服务功能价值补偿相等，即：

$Cjb_0 = Cjb_1 = Cjb_2 = Cjb_3 = Cjb_4 = 45.81$（万元）

第 6 年起每年森林生态系统服务功能价值按 20% 的比例递减：

$Cjb_5 = 45.81 \times 0.80 \approx 36.65$（万元）

$Cjb_6 = 45.81 \times 0.60 \approx 27.49$（万元）

$Cjb_7 = 45.81 \times 0.40 \approx 18.32$（万元）

$Cjb_8 = 45.81 \times 0.20 \approx 9.16$（万元）

（2）矿山基本建设投资（$Cjj$）。

包括工程费用、工程建设其他费用及预备费。其中，工程费用包括建筑工程费、安装工程费、设备及器具购置，预备费包括基本预备费和涨价预备费。费用流出发生在第 1 年年初。按照本书表 5 - 5 “注液网孔（井）布设基本技术参数”的标准，矿山基本建设投资为 678.67 万元，其中工程费用 572 万元（其中井巷工程费 320 万元）；工程建设其他费用 56.4 万元，预备费 50.27 万元（基本预备费率按 8% 计，建设期 1 年不考虑涨价预备费）（北京矿冶研究总院，2012）；企业自有资金，建设期利息为 0。

（3）开采流动资金（$Cld$）。

一般地，费用流出发生在原地浸矿期第 2 年年初。参照同等规模的离子型稀土矿开采项目，A 矿开采所需流动资金约为 180 万元（北京矿冶研究总院，2012）。

（4）经营费用 $Cjy_g(g=1, 2, 3)$。

费用流出发生在第 1 年至第 3 年每年年初。经营费用 $Cjy_g(g=1, 2, 3)$ 费用流出发生在第 1 年至第 3 年每年年初，参照同等规模的离子型稀土矿开采项目（北京矿冶研究总院，2012）：$Cjy_1=183.04$ 万元；$Cjy_2=402.70$ 万元；$Cjy_3=219.65$ 万元。

（5）水土保持设施补偿及水土流失防治费（$Cst$）。

发生在原地浸出结束时，即第 4 年年末。尽管第 5 年至第 8 年每年年末还将发生水土保持设施补偿及水土流失防治费，但考虑该费用主要发生在第 4 年年末，为研究方便，将费用流出发生在第 4 年年末。水土保持设施补偿费及水土流失防治费按照 500 元/吨稀土氧化物的现行标准，即：

$$Q_{\mathrm{REO}}=\frac{Q\eta}{0.92}=\frac{239.6\times 0.756}{0.92}\approx 196.89\text{（吨）}$$

$$Cst=196.89\times 500\approx 9.84\text{（万元）}$$

（6）排污费 $Cpw_t(t=1, 2, 3)$。

费用流出发生在第 2 年至第 4 年每年年末。以赣州市离子型稀土开采排污费征收规定，排污费按生产出的混合稀土氧化物的产量进行征收，排污费包括工业废水、化学需氧量、氨氮含量等，具体标准为 1000 元/吨混合稀土氧化物。

$$Cpw_1=(0.25\times 196.89\times 1000)/10000\approx 4.92\text{（万元）}$$

$Cpw_2=(0.45\times196.89\times1000)/10000\approx8.86$（万元）

$Cpw_3=(0.30\times196.89\times1000)/10000\approx5.91$（万元）

（7）母液渗漏防治费（$Cfz$）。

通过井巷工程防渗处理，以使污染排放量控制在一定范围之内，费用流出发生在建设期第1年年末。从A矿地质条件来看，矿床基岩有裂隙，根据本书表5－2“岩体完整程度的定性分类”及表5－6“稀土金属矿采选行业产排污系数”，由经验数据和专家意见法得出母液渗漏防治费用占井巷工程费用的工程建设费用的比例系数为2.5，则有：

$Cfz=320\times2.5=800$（万元）

（8）回收固定资产余值（$Cgy$）。

回收固定资产余值（$Cgy$）作为效益流入发生在第9年年末。由于矿山基本建设投资为678.67万元，一般情况下，取固定资产残值率为5%，则有：

回收固定资产余值（$Cgy$）$=678.67\times0.05=33.93$（万元）

（9）回收流动资金 $Cld_{sk}(k=1,2)$。

效益流入发生在第4年和第9年年末，其中：第4年年末回收流动资金150万元，第9年年末回收流动资金30万元。

（10）第 $i$ 年混合稀土氧化物销售收入 $S_i(i=1,2,3)$。

$$\begin{aligned}\begin{matrix}\text{直接出口的影子}\\ \text{价格（REO）}\end{matrix} &= \begin{matrix}\text{混合稀土氧化物}\\ \text{离岸价（}FOB\text{）}\end{matrix}\times\text{影子汇率}-\text{出口费用}\\ &= \begin{matrix}\text{混合稀土氧化物}\\ \text{离岸价（}FOB\text{）}\end{matrix}\times\begin{matrix}\text{影子}\\ \text{汇率}\end{matrix}-\left(\begin{matrix}\text{混合稀土氧化物}\\ \text{到口岸费用}\end{matrix}+\begin{matrix}\text{贸易}\\ \text{费用}\end{matrix}\right)\end{aligned}$$

式中：

影子汇率是指外汇的影子价格，影子汇率换算系数一般取值为1.08。

按照一般情况，银行财务费费率取值0.5%，外贸手续费费率取值1.5%。

混合稀土氧化物直接出口产出物的影子价格 $=16.5\times1-(0.2+0.25)=16.05$（万元/吨）。

第1年、第2年及第3年混合稀土氧化物（92%REO）销售收入分别为：

$Q_{\text{REO}}=196.89$（吨）

$S_1=0.25\times196.89\times16.05\approx790.02$（万元）

$S_2=0.45\times196.89\times16.05\approx1422.04$（万元）

$S_3=0.30\times196.89\times16.05\approx948.03$（万元）

由方程（5－25），社会折现率 $i_0=8\%$，则有经济净现值 $ENPV$：

$$
\begin{aligned}
ENPV &= -(Cjb_o+Cjj)-\frac{(Cjb_1+Cld+Cjy_1+Cfz)}{(1+i_0)}+\frac{(S_1-Cjb_2-Cjy_2-Cpw_1)}{(1+i_0)^2}\\
&\quad+\frac{(S_2-Cjb_3-Cjy_3-Cpw_2)}{(1+i_0)^3}+\frac{(S_3+Cld_{s1}-Cjb_4-Cst-Cpw_3)}{(1+i_0)^4}\\
&\quad-\frac{Cjb_5}{(1+i_0)^5}-\frac{Cjb_6}{(1+i_0)^6}-\frac{Cjb_7}{(1+i_0)^7}-\frac{Cjb_8}{(1+i_0)^8}+\frac{(Cgy+Cld_{s2})}{(1+i_0)^9}\\
&= -(45.81+678.67)-\frac{(45.81+180+183.04+800)}{(1+0.08)}\\
&\quad+\frac{(790.02-45.81-402.70-4.92)}{(1+0.08)^2}+\frac{(1422.04-45.81-219.65-8.86)}{(1+0.08)^3}\\
&\quad+\frac{(948.03+150-45.81-9.84-5.91)}{(1+0.08)^4}-\frac{36.65}{(1+0.08)^5}-\frac{27.49}{(1+0.08)^6}\\
&\quad-\frac{18.32}{(1+0.08)^7}-\frac{9.16}{(1+0.08)^8}+\frac{(33.93+30)}{(1+0.08)^9}\\
&= -724.48-1119.31+288.57+911.10+761.84-24.94-17.32\\
&\quad-10.69-4.95+31.98\\
&=91.80\text{（万元）}
\end{aligned}
$$

此外，由方程（5－26）有全部投资的现值 $I_p$ 表达式如下：

$$
\begin{aligned}
I_p &= (Cjb_o+Cjj)+\frac{(Cjb_1+Cld+Cjy_1+Cfz)}{(1+i_0)}+\frac{(Cjb_2+Cjy_2+Cpw_1)}{(1+i_0)^2}\\
&\quad+\frac{(Cjb_3+Cjy_3+Cpw_2)}{(1+i_0)^3}+\frac{(Cjb_4+Cst+Cpw_3)}{(1+i_0)^4}+\frac{Cjb_5}{(1+i_0)^5}+\frac{Cjb_6}{(1+i_0)^6}\\
&\quad+\frac{Cjb_7}{(1+i_0)^7}+\frac{Cjb_8}{(1+i_0)^8}\\
&=(45.81+678.67)+\frac{(45.81+180+183.04+800)}{(1+0.08)}+\frac{(45.81+402.70+4.92)}{(1+0.08)^2}
\end{aligned}
$$

$$+\frac{(45.81+219.65+8.86)}{(1+0.08)^3}+\frac{(45.81+9.84+5.91)}{(1+0.08)^4}+\frac{36.65}{(1+0.08)^5}$$

$$+\frac{27.49}{(1+0.08)^6}+\frac{18.32}{(1+0.08)^7}+\frac{9.16}{(1+0.08)^8}$$

$$=724.48+1119.31+388.74+217.76+45.25+24.94+17.32$$

$$+10.69+4.95$$

$$=2553.44\ (\text{万元})$$

从而得到，净现值率为：

$$ENPVR_1=\frac{ENPV}{I_p}=\frac{91.80}{2553.44}\approx 0.036$$

因 $ENPV=91.80>0$，故当混合稀土氧化物影子价格为 16.05 万元/吨时，A 矿采用原地浸矿工艺且矿山开采后生态自然修复条件下可行。

#### 7.2.1.3 矿山采后人工生态修复条件下净现值计算

根据原地浸矿工艺条件下的离子型稀土矿开采效益流入及费用流出发生的时点绘制矿山开采生态人工修复条件下项目投资经济效益和费用流量，如图 7-2 所示。

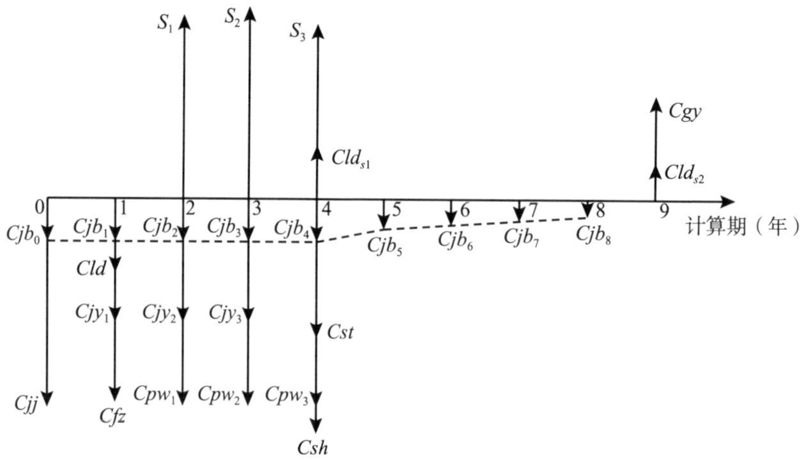


**图 7-2 矿山开采生态人工修复条件下项目投资经济效益和费用流量**

图7－2中：

（1）A矿区森林生态系统服务功能价值补偿费 $Cjb_m(m=0, 1, 2, \cdots, 8)$。

如前文所述，A矿区第1年整个森林生态系统服务功能价值 $= (8233.11\times0.2496\times100\times880.54)/(1072\times10000\times737)\approx229.03$（万元），A矿区整个森林生态系统服务功能价值约为229.03万元。由于原地浸矿开采期间大约破坏20%的植被，因此，A矿区第1年森林生态系统服务功能价值补偿 $Cjb_0=229.03\times0.20\approx45.81$（万元）。

由于开采作业期间植被不易自我修复，所以前5年每年森林生态系统服务功能价值补偿可视为相等，即：

$Cjb_0=Cjb_1=Cjb_2=Cjb_3=Cjb_4=45.81$（万元）

然而，因为第5年年初进行人工生态修复，存在森林植被恢复费（$Csh$）费用流出，考虑离子型稀土矿原地浸矿开采条件下森林植被恢复费按100元/吨混合稀土氧化物的征收标准征收，因此，一般从第6年年初开始，每年森林生态系统服务功能价值补偿以 $Cjb_4$ 的80%为计算基数，每年按20%的比例递减：

$Cjb_5=45.81\times0.80\times0.80\approx29.32$（万元）

$Cjb_6=45.81\times0.80\times0.60\approx21.99$（万元）

$Cjb_7=45.81\times0.80\times0.40\approx14.66$（万元）

$Cjb8=45.81\times0.80\times0.20\approx7.33$（万元）

（2）矿山基本建设投资（$Cjj$）。

包括工程费用、工程建设其他费用及预备费。其中，工程费用包括建筑工程费、安装工程费、设备及器具购置，预备费包括基本预备费和涨价预备费。费用流出发生在第1年年初。按照本书表5－5“注液网孔（井）布设基本技术参数”的标准，矿山基本建设投资为678.67万元，其中工程费用572万元（其中井巷工程费320万元）；工程建设其他费用56.4万元，预备费50.27万元（基本预备费率按8%计，建设期1年不考虑涨价预备费）（北京矿冶研究总院，2012）；企业自有资金，建设期利息为0。

（3）开采流动资金（$Cld$）。

一般地，费用流出发生在原地浸矿期第 2 年年初。参照同等规模的离子型稀土矿开采项目，A 矿开采所需流动资金约为 180 万元（北京矿冶研究总院，2012）。

（4）经营费用 $Cjy_g(g=1, 2, 3)$。

费用流出发生在第 1 年至第 3 年每年年初。经营费用 $Cjy_g(g=1, 2, 3)$ 费用流出发生在第 1 年至第 3 年每年年初，参照同等规模的离子型稀土矿开采项目（北京矿冶研究总院，2012）：$Cjy_1=183.04$ 万元；$Cjy_2=402.70$ 万元；$Cjy_3=219.65$ 万元。

（5）水土保持设施补偿及水土流失防治费（$Cst$）。

发生在原地浸出结束时，即第 4 年年末。尽管第 5 年至第 8 年每年年末还将发生水土保持设施补偿及水土流失防治费，但考虑该费用主要发生在第 4 年年末，为研究方便，将费用流出发生在第 4 年年末。水土保持设施补偿费及水土流失防治费按照 500 元/吨稀土氧化物的现行标准，即：

$Cst=196.89\times500\approx9.84$（万元）

（6）排污费 $Cpw_t(t=1, 2, 3)$。

费用流出发生在第 2 年至第 4 年每年年末。以赣州市离子型稀土开采排污费征收规定，排污费按生产出的混合稀土氧化物的产量进行征收，排污费包括工业废水、化学需氧量、氨氮含量等，具体标准为 1000 元/吨混合稀土氧化物。

$Cpw_1=(0.25\times196.89\times1000)/10000\approx4.92$（万元）

$Cpw_2=(0.45\times196.89\times1000)/10000\approx8.86$（万元）

$Cpw_3=(0.30\times196.89\times1000)/10000\approx5.91$（万元）

（7）母液渗漏防治费（$Cfz$）。

通过井巷工程防渗处理，以使污染排放量控制在一定范围之内，费用流出发生在建设期第 1 年年末。从 A 矿地质条件来看，矿床基岩有裂隙，根据本书表 5-2 及表 5-6，由经验数据和专家意见法得出母液渗漏防治费用占井巷工程费用的工程建设费用的比例系数为 2.5，则有：

$Cfz = 320 \times 2.5 = 800$（万元）

（8）回收固定资产余值（$Cgy$）。

回收固定资产余值（$Cgy$）作为效益流入发生在第 9 年年末。由于矿山基本建设投资为 678.67 万元，一般情况下，取固定资产残值率为 5%，则有：

回收固定资产余值（$Cgy$）$= 678.67 \times 0.05 = 33.93$（万元）

（9）回收流动资金 $Cld_{sk}(k = 1, 2)$。

效益流入发生在第 4 年和第 9 年年末，其中：第 4 年年末回收流动资金 150 万元，第 9 年年末回收流动资金 30 万元。

（10）第 $i$ 年混合稀土氧化物销售收入 $S_i(i = 1, 2, 3)$。

$$\begin{aligned}\begin{matrix}\text{直接出口的影子}\\\text{价格（REO）}\end{matrix} &= \begin{matrix}\text{混合稀土氧化物}\\\text{离岸价（}FOB\text{）}\end{matrix} \times \text{影子汇率} - \text{出口费用}\\ &= \begin{matrix}\text{混合稀土氧化物}\\\text{离岸价（}FOB\text{）}\end{matrix} \times \begin{matrix}\text{影子}\\\text{汇率}\end{matrix} - \left(\begin{matrix}\text{混合稀土氧化物}\\\text{到口岸费用}\end{matrix} + \begin{matrix}\text{贸易}\\\text{费用}\end{matrix}\right)\end{aligned}$$

式中：

影子汇率是指外汇的影子价格，影子汇率换算系数一般取值为 1.08。

按照一般情况，银行财务费费率取值 0.5%，外贸手续费费率取值 1.5%。

混合稀土氧化物直接出口产出物的影子价格 $= 16.5 \times 1 - (0.2 + 0.25) = 16.05$（万元/吨）。

第 1 年、第 2 年及第 3 年混合稀土氧化物（92% REO）销售收入分别为：

$S_1 = 0.25 \times 196.89 \times 16.05 \approx 790.02$（万元）

$S_2 = 0.45 \times 196.89 \times 16.05 \approx 1422.04$（万元）

$S_3 = 0.30 \times 196.89 \times 16.05 \approx 948.03$（万元）

（11）森林植被恢复费（$Csh$）。

赣南离子型稀土矿原地浸矿开采条件下森林植被恢复费按 100 元/吨混合稀土氧化物的标准征收。

$Csh = Q \times 100 = 196.89 \times 100 = 1.97$（万元）

由方程（5－27），社会折现率 $i_0=8\%$，则有经济净现值 $ENPV$：

$$ENPV=-(Cjb_o+Cjj)-\frac{(Cjb_1+Cld+Cjy_1+Cfz)}{(1+i_0)}+\frac{(S_1-Cjb_2-Cjy_2-Cpw_1)}{(1+i_0)^2}$$
$$+\frac{(S_2-Cjb_3-Cjy_3-Cpw_2)}{(1+i_0)^3}+\frac{(S_3+Cld_{s1}-Cjb_4-Cst-Cpw_3-Csh)}{(1+i_0)^4}$$
$$-\frac{Cjb_5}{(1+i_0)^5}-\frac{Cjb_6}{(1+i_0)^6}-\frac{Cjb_7}{(1+i_0)^7}-\frac{Cjb_8}{(1+i_0)^8}+\frac{(Cgy+Cld_{s2})}{(1+i_0)^9}$$
$$=-(45.81+678.67)-\frac{(45.81+180+183.04+800)}{(1+0.08)}$$
$$+\frac{(790.02-45.81-402.70-4.92)}{(1+0.08)^2}+\frac{(1422.04-45.81-219.65-8.86)}{(1+0.08)^3}$$
$$+\frac{(948.03+150-45.81-9.84-5.91-1.97)}{(1+0.08)^4}-\frac{29.32}{(1+0.08)^5}$$
$$-\frac{21.99}{(1+0.08)^6}-\frac{14.66}{(1+0.08)^7}-\frac{7.33}{(1+0.08)^8}+\frac{(33.93+30)}{(1+0.08)^9}$$
$$=-724.48-1119.31+288.57+911.10+760.36-19.96-13.86$$
$$-8.55-3.96+31.98$$
$$=101.89\text{（万元）}$$

此外，全部投资的现值 $I_p$ 表达式如下：

$$I_p=(Cjb_o+Cjj)+\frac{(Cjb_1+Cld+Cjy_1+Cfz)}{(1+i_0)}+\frac{(Cjb_2+Cjy_2+Cpw_1)}{(1+i_0)^2}$$
$$+\frac{(Cjb_3+Cjy_3+Cpw_2)}{(1+i_0)^3}+\frac{(Cjb_4+Cst+Cpw_3+Csh)}{(1+i_0)^4}+\frac{Cjb_5}{(1+i_0)^5}$$
$$+\frac{Cjb_6}{(1+i_0)^6}+\frac{Cjb_7}{(1+i_0)^7}+\frac{Cjb_8}{(1+i_0)^8}$$
$$=(45.81+678.67)+\frac{(45.81+180+183.04+800)}{(1+0.08)}$$
$$+\frac{(45.81+402.70+4.92)}{(1+0.08)^2}+\frac{(45.81+219.65+8.86)}{(1+0.08)^3}$$
$$+\frac{(45.81+9.84+5.91+1.97)}{(1+0.08)^4}+\frac{29.32}{(1+0.08)^5}+\frac{21.99}{(1+0.08)^6}$$

$$+\frac{14.66}{(1+0.08)^7}+\frac{7.33}{(1+0.08)^8}$$

$$=724.48+1119.31+388.74+217.76+46.69+19.96+13.86$$

$$+8.55+3.96$$

$$=2543.31\ (万元)$$

从而得到，净现值率为：

$$ENPVR_2=\frac{ENPV}{I_p}=\frac{101.89}{2543.31}\approx 0.040$$

因 $ENPV=101.89>0$，故当混合稀土氧化物影子价格为 16.05 万元/吨时，A 矿采用原地浸矿工艺且矿山开采后生态人工修复条件下可行。

由于 $ENPVR_1=0.036$，$ENPVR_2=0.040$，$ENPVR_1<ENPVR_2$，因此，矿山开采后生态人工修复方案比生态自然修复方案更好。

### 7.2.2 堆浸工艺条件下经济净现值率决策模型

#### 7.2.2.1 矿山服务年限计算

按年生产 REO 能力 100 吨（折算成 92% 的氧化稀土），开采回采率及选矿回收率根据《稀土资源合理开发利用“三率”最低指标要求（试行）》中“原地浸矿开采离子型稀土的矿山企业，其开采回采率不低于 87%（浸出相）、选矿回收率不低于 90%”的要求，选取开采回采率为 87%，选矿回收率为 90%，采选综合回收率按 78.3%，矿山服务年限约为 2 年，具体计算如下：

服务年限应按以下公式计算：

$$T=\frac{Q\eta}{0.92A}$$

其中，$T$ 表示矿山服务年限（年）；$Q$ 表示设计离子型稀土资源储量（SREO，吨）；$\eta$ 表示采选综合回收率（%）；$A$ 表示生产能力，生产稀土氧化物量（REO，吨/年）；0.92 表示折算成 92% 的氧化稀土。

$$T=\frac{Q\eta}{0.92A}=\frac{239.6\times 0.783}{0.92\times 100}\approx 2.04\ (年)$$

#### 7.2.2.2 相关参数计算

根据堆浸工艺条件下离子型稀土矿开采效益流入及费用流出发生的时间点绘制堆浸开采条件下项目投资经济效益和费用流量，如图7－3所示。

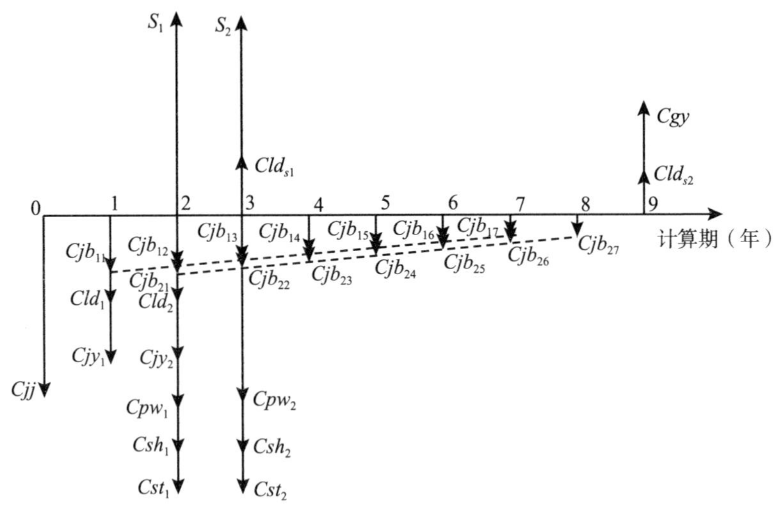


**图7－3 矿山堆浸开采条件下项目投资经济效益和费用流量**

图7－3中：

（1）A矿区森林生态系统服务功能价值补偿 $Cjb_{1m}$（$m=1$，2，3，…，7）、$Cjb_{2n}$（$n=1$，2，3，…，7）。

一般地，A矿开采分两个阶段（年度）进行，边开采边生态恢复，每阶段开采时各破坏50%矿区的植被，每阶段开采的资源储量可近似相等。$Cjb_{1m}$（$m=1$，2，3，…，7）表示第1阶段开采范围内逐年应补偿的森林生态系统服务功能价值；$Cjb_{2n}$（$n=1$，2，3，…，7）表示第2阶段开采范围内逐年应补偿的森林生态系统服务功能价值。则有：

因前文已计算A矿区植被全部破坏时整个森林生态系统服务功能价值≈229.03万元。

每个开采阶段在生态恢复 6 年期限内每年森林生态系统服务功能价值补偿逐年按 16.67% 的速率递减，因每个开采阶段结束时生态恢复效果尚未显现，故每个开采阶段开采结束时的森林生态系统功能价值补偿与年初森林生态系统服务功能价值补偿相等，$Cjb_{11} = Cjb_{12}$；$Cjb_{21} = Cjb_{22}$，则有：

$Cjb_{11} = 229.03 \times 0.5 = 114.52$（万元）

$Cjb_{12} = 114.52$（万元）

$Cjb_{13} = 114.52 \times 83.33\% \approx 95.43$（万元）

$Cjb_{14} = 114.52 \times 66.66\% \approx 76.34$（万元）

$Cjb_{15} = 114.52 \times 49.99\% \approx 57.25$（万元）

$Cjb_{16} = 114.52 \times 33.33\% \approx 38.17$（万元）

$Cjb_{17} = 114.52 \times 16.66\% \approx 19.08$（万元）

同理，有：

$Cjb_{21} = 114.52$（万元）

$Cjb_{22} = 114.52$（万元）

$Cjb_{23} = 114.52 \times 83.33\% \approx 95.43$（万元）

$Cjb_{24} = 114.52 \times 66.66\% \approx 76.34$（万元）

$Cjb_{25} = 114.52 \times 49.99\% \approx 57.25$（万元）

$Cjb_{26} = 114.52 \times 33.33\% \approx 38.17$（万元）

$Cjb_{27} = 114.52 \times 16.66\% \approx 19.08$（万元）

（2）矿山基本建设投资（$Cjj$）。

包括工程费用、工程建设其他费用、预备费及建设期利息。其中，工程费用包括建筑工程费、安装工程费、设备及器具购置，预备费包括基本预备费和涨价预备费。按照本书表 5－5“注液网孔（井）布设基本技术参数”的标准，矿山基本建设投资为 334.8 万元，其中工程费用 260 万元；工程建设其他费用 50 万元，预备费 24.8 万元（基本预备费率按 8% 计，建设期 1 年不考虑涨价预备费）；企业自有资金，建设期利息为 0。

（3）开采流动资金 $Cld_n(n = 1, 2)$。

参照类似离子型稀土矿开采项目，A 矿开采所需的每年流动资金为

120 万元。

（4）经营费用 $Cjy_g(g=1, 2)$。

经营费用 $Cjy_g(g=1, 2)$ 发生在第 1 年至第 2 年每年年初，参照类似矿山相关费用有：$Cjy_1=321$ 万元；$Cjy_2=284.39$ 万元。

（5）水土保持设施补偿费及水土流失防治费（$Cst$）与森林植被恢复费（$Csh$）。

考虑 $Cst$ 与 $Csh$ 费用发生同步，而且为了计算的可类比性，本书将这两项费用合并，参照《江西省赣州市废弃稀土矿矿山地质环境治理项目可行性研究报告》中 2012 年“矿山地质环境治理面积 101.4 平方千米，总投资 382305 万元”中的数据，将本项目采用堆浸工艺开采矿山地质环境治理面积 0.2496 平方千米进行投资估算类比（北京宝地益联地质勘查工程技术有限公司，2012），可得：

$Cst+Csh=(382305\times 0.2496)/101.4=941.06$（万元）

因前文所述，每个开采阶段破坏的植被面积相等，因此有：

$Cst_1+Csh_1=941.06/2=470.53$（万元）

$Cst_2+Csh_2=941.06/2=470.53$（万元）

（6）排污费 $Cpw_t(t=1, 2)$。

排污费现金流出发生在第 2 年、第 3 年每年年末。以赣州市离子型稀土开采排污费征收规定，排污费按生产出的混合稀土氧化物的产量进行征收，排污费包括工业废水、化学需氧量、氨氮含量等，具体标准为 1000 元/吨混合稀土氧化物，但该标准是针对原地浸矿工艺而言。因此，按照第 5.2.4 节“污水排放费计算”方法求得。

由于生产 1 吨混合稀土氧化物约消耗 7.4 吨溶浸液、沉淀剂（邹国良，2012），此外，生产用水循环利用率须达到 90% 以上，排放浓度按照本书表 5-4“新建企业水污染排放浓度限制及单位产品基准排水量”直接外排的标准，年生产 330 天，因此可求出污水排放量。

污水排放量 $=203.92\times 7.4\times(1-90\%)=144.78$（吨）

①各排污口各种污染物的排放量。

$$\text{COD 排放量} = \frac{\text{污水排放量（吨/月）} \times \text{COD 排放浓度（毫克/升）}}{1000}$$

$$= \frac{144.78 \times 70}{22 \times 1000} = 0.46\text{（千克/月）}$$

$$\text{氨氮排放量} = \frac{\text{污水排放量（吨/月）} \times \text{COD 排放浓度（毫克/升）}}{1000}$$

$$= \frac{144.78 \times 15}{22 \times 1000} = 0.10\text{（千克/月）}$$

②各排污口各种污染物的污染当量数。

查“第一类水污染物污染当量值”（见表 5－8）、“第二类水污染物污染当量值”（见表 5－9）和“pH 值、色度、大肠菌群数、余氯量污染当量值”（见表 5－10）得知，COD、氨氮及 pH 值的污染当量值分为 1 千克、0.8 千克和 1 吨污水。

$$\text{COD 的污染当量数} = \frac{\text{COD 的排放量（千克/月）}}{\text{COD 的污染当量值（千克）}} = \frac{0.46}{1} = 0.46$$

$$\text{氨氮的污染当量数} = \frac{\text{氨氮的排放量（千克/月）}}{\text{氨氮的污染当量值（千克）}} = \frac{0.10}{0.8} = 0.13$$

$$\text{pH 的污染当量数} = \frac{\text{污水的排放量（吨/月）}}{\text{pH 值的当量值（吨污水）}} = \frac{144.78}{22 \times 1} = 6.58$$

③确定收费因子。

根据有关数据及现场了解，确定收费因子为 pH、氨氮及 COD，因堆浸工艺污染容易控制，且基于本书研究假设，没有超标收费因子。

④计算排污费。

$$\begin{aligned}\text{污水排污费} &= \text{污水排污费征收标准（元/污染当量）} \\ &\quad \times (A \times \text{第一位最大污染物的污染当量数} \\ &\quad + A \times \text{第二位最大污染物的污染当量数} \\ &\quad + A \times \text{第三位最大污染物的污染当量数}) \\ &= 0.7 \times (1 \times 6.58 + 1 \times 0.46 + 1 \times 0.13) \\ &= 5.01\text{（元/月）}\end{aligned}$$

从而得到每年排污费：

$Cpw_1 = Cpw_2 = 5.01 \times 11 = 55.21$（元/年）$\approx 0.0055$（万元/年）

这说明，按照本书表 5 -4“新建企业水污染排放浓度限制及单位产品基准排水量”的要求排放废水其排污费几乎可忽略不计。

（7）回收固定资产余值（$Cgy$）。

回收固定资产余值（$Cgy$）现金流出发生在第 9 年年末。由于矿山基本建设投资为 334.8 万元全部转为固定资产，固定资产残值率取 5%，则有：

回收固定资产余值（$Cgy$）$= 334.8 \times 0.05 = 16.74$（万元）

（8）回收流动资金（$Cld$）。

回收流动资金（$Cld$）费用流出发生在第 4 年年初和第 9 年年末，因前面已估算第 1、第 2 年所需的流动资金共需 240 万元，所以通常情况下有：$Cld_1 = 160$ 万元；$Cld_2 = 80$ 万元。

（9）第 $i$ 年混合稀土氧化物销售收入 $S_i(i = 1,\ 2)$。

同前文所述，混合稀土氧化物销售收入采用混合稀土氧化物影子价格进行计算。

$$\begin{aligned}\text{直接出口的影子价格（REO）} &= \text{混合稀土氧化物离岸价（}FOB\text{）} \times \text{影子汇率} - \text{出口费用} \\ &= \text{混合稀土氧化物离岸价（}FOB\text{）} \times \text{影子汇率} - \left(\text{混合稀土氧化物到口岸费用} + \text{贸易费用}\right)\end{aligned}$$

式中：

影子汇率是指外汇的影子价格，影子汇率换算系数一般取值为 1.08。

按照一般情况，银行财务费费率取值 0.5%，外贸手续费费率取值 1.5%。

由于前文计算出混合稀土氧化物直接出口产出物的影子价格为 16.05 万元/吨，因此，第 1 年、第 2 年混合稀土氧化物（92% REO）销售收入分别为：

$$Q_{\text{REO}} = \frac{Q\eta}{0.92} = \frac{239.6 \times 0.783}{0.92} \approx 203.92 \text{（吨）}$$

$$S_1 = 0.50 \times 203.92 \times 16.05 \approx 1636.46 \text{（万元）}$$

$S_2 = S_1 = 1636.46$（万元）

令社会折现率 $i_s = 8\%$，则由方程（5－29）有经济净现值 $ENPV$：

$$
\begin{aligned}
ENPV =& -Cjj - \frac{(Cjb_{11} + Cld_1 + Cjy_1)}{(1+i_0)} \\
&+ \frac{(S_1 - Cjb_{12} - Cjb_{21} - Cld_2 - Cjy_2 - Cpw_1 - Csh_1 - Cst_1)}{(1+i_0)^2} \\
&+ \frac{(S_2 + Cld_{s1} - Cjb_{13} - Cjb_{22} - Cpw_2 - Csh_2 - Cst_2)}{(1+i_0)^3} \\
&- \frac{(Cjb_{14} + Cjb_{23})}{(1+i_0)^4} - \frac{(Cjb_{15} + Cjb_{24})}{(1+i_0)^5} - \frac{(Cjb_{16} + Cjb_{25})}{(1+i_0)^6} \\
&- \frac{(Cjb_{17} + Cjb_{26})}{(1+i_0)^7} - \frac{Cjb_{27}}{(1+i_0)^8} + \frac{(Cgy + Cld_{s2})}{(1+i_0)^9} \\
=& -334.8 - \frac{(114.52 + 120 + 321)}{(1+0.08)} \\
&+ \frac{(1636.46 - 114.52 - 114.52 - 120 - 284.39 - 0.0055 - 470.53)}{(1+0.08)^2} \\
&+ \frac{(1636.46 + 160 - 95.43 - 114.52 - 0.0055 - 470.53)}{(1+0.08)^3} \\
&- \frac{(76.34 + 95.43)}{(1+0.08)^4} - \frac{(57.25 + 76.34)}{(1+0.08)^5} - \frac{(38.17 + 57.25)}{(1+0.08)^6} \\
&- \frac{(19.08 + 38.17)}{(1+0.08)^7} - \frac{19.08}{(1+0.08)^8} + \frac{(16.74 + 80)}{(1+0.08)^9} \\
=& -334.8 - 514.37 + 422.72 + 885.90 - 126.26 - 90.92 - 60.13 \\
& -33.41 - 10.31 + 48.39 \\
=& 186.81\ (\text{万元})
\end{aligned}
$$

此外，全部投资的现值 $I_p$ 表达式如下：

$$
\begin{aligned}
I_p =& Cjj + \frac{(Cjb_{11} + Cld_1 + Cjy_1)}{(1+i_0)} \\
&+ \frac{(Cjb_{12} + Cjb_{21} + Cld_2 + Cjy_2 + Cpw_1 + Csh_1 + Cst_1)}{(1+i_0)^2}
\end{aligned}
$$

$$+\frac{(Cjb_{13}+Cjb_{22}+Cpw_2+Csh_2+Cst_2)}{(1+i_0)^3}+\frac{(Cjb_{14}+Cjb_{23})}{(1+i_0)^4}$$

$$+\frac{(Cjb_{15}+Cjb_{24})}{(1+i_0)^5}+\frac{(Cjb_{16}+Cjb_{25})}{(1+i_0)^6}+\frac{(Cjb_{17}+Cjb_{26})}{(1+i_0)^7}+\frac{Cjb_{27}}{(1+i_0)^8}$$

$$=334.8+\frac{(114.52+120+321)}{(1+0.08)}$$

$$+\frac{(114.52+114.52+120+284.39+0.0055+470.53)}{(1+0.08)^2}$$

$$+\frac{(95.43+114.52+0.0055+470.53)}{(1+0.08)^3}+\frac{(76.34+95.43)}{(1+0.08)^4}$$

$$+\frac{(57.25+76.34)}{(1+0.08)^5}+\frac{(38.17+57.25)}{(1+0.08)^6}+\frac{(19.08+38.17)}{(1+0.08)^7}$$

$$+\frac{19.08}{(1+0.08)^8}$$

$$=334.8+606.96+1032.20+540.19+126.26+90.92$$

$$+60.13+33.41+9.54$$

$$=2834.41\ (万元)$$

从而得到，净现值率为：

$$ENPVR_3=\frac{ENPV}{I_p}=\frac{186.81}{2834.41}\approx 0.066$$

因 $ENPV=186.81>0$，故当混合稀土氧化物影子价格为 16.05 万元/吨时，A 矿采用堆浸工艺可行。

### 7.2.3 A 离子型稀土矿开采工艺选择

#### 7.2.3.1 A 离子型稀土矿开采工艺选择

A 离子型稀土矿开采工艺选择评价准则：当 $ENPVR\geqslant 0$ 时，“项目”可行；反之，“项目”不可行。对于多“项目”比较，在“项目”满足 $ENPVR\geqslant 0$ 的基础上，$ENPVR$ 越大的“项目”越好。

由于 $ENPVR_1=0.036$，$ENPVR_2=0.040$，$ENPVR_3=0.066$，且 $ENPVR_1<ENPVR_2<ENPVR_3$，因此，堆浸工艺好于原地浸矿工艺。

7.2.3.2　λ 值对赣南 A 离子型稀土矿开采工艺选择的影响

当混合稀土氧化物影子价格一定时，离子型稀土矿开采堆浸、原地浸矿工艺选择受矿床底板基岩完整度和母液渗漏控制指标有关的参数 λ 影响。

由第 5.3.3 节所述有：当 $\max\{ENPVR_1, ENPVR_2\}>ENPVR_3$，原地浸矿工艺好于堆浸工艺。因 $\max\{ENPVR_1, ENPVR_2\}=ENPVR_2=0.04$，而 $ENPVR_3=0.066$，所以由方程（5－32）、方程（5－33）可求得：$\lambda=2.29$。即：只有当 $\lambda<2.29$ 时，原地浸矿工艺好于堆浸工艺。显然，在 λ 值与矿床底板基岩完整度和母液渗漏控制指标的一一对应关系尚未十分明确时，反算法求得的 λ 临界值（为便于衡量可换算成母液渗漏防治费）有助于采矿工艺选择的辅助决策。

## 7.3　A 离子型稀土矿开采时机决策

由方程（5－33）可知，从国民经济评价角度，当混合稀土氧化物的影子价格 $P\geqslant P_0$ 时，矿山才可以开采。

$$P_0=\Big[Cjj+\frac{(Cjb_{11}+Cld_1+Cjy_1)}{(1+i_0)}+\frac{(Cjb_{12}+Cjb_{21}+Cld_2+Cjy_2+Cpw_1+Csh_1+Cst_1)}{(1+i_0)^2}+\frac{(Cjb_{13}+Cjb_{22}+Cpw_2+Csh_2+Cst_2-Cld_{s1})}{(1+i_0)^3}+\frac{(Cjb_{14}+Cjb_{23})}{(1+i_0)^4}+\frac{(Cjb_{15}+Cjb_{24})}{(1+i_0)^5}+\frac{(Cjb_{16}+Cjb_{25})}{(1+i_0)^6}+\frac{(Cjb_{17}+Cjb_{26})}{(1+i_0)^7}+\frac{Cjb_{27}}{(1+i_0)^8}-\frac{(Cgy+Cld_{s2})}{(1+i_0)^9}\Big]\Big/\Big[\frac{Q_1}{(1+i_0)^2}+\frac{Q_2}{(1+i_0)^3}\Big]$$

$$= \left[334.8 + \frac{(114.52 + 120 + 321)}{(1 + 0.08)} + \frac{(114.52 + 114.52 + 120 + 284.39 + 0.0055 + 470.53)}{(1 + 0.08)^2} + \frac{(95.43 + 114.52 + 0.0055 + 470.53 - 160)}{(1 + 0.08)^3} + \frac{(76.34 + 95.43)}{(1 + 0.08)^4} + \frac{(57.25 + 76.34)}{(1 + 0.08)^5} + \frac{(38.17 + 57.25)}{(1 + 0.08)^6} + \frac{(19.08 + 38.17)}{(1 + 0.08)^7} + \frac{19.08}{(1 + 0.08)^8} - \frac{(16.74 + 80)}{(1 + 0.08)^9}\right] \Big/ \left[\frac{0.5 \times 203.92}{(1 + 0.08)^2} + \frac{0.5 \times 203.92}{(1 + 0.08)^3}\right]$$

$$= [334.8 + 606.96 + 1032.20 + 413.17 + 126.26 + 90.92 + 60.13 + 33.41 + 9.54 - 48.39] / [87.41 + 80.94]$$

$$\approx 15.79 \text{（万元/吨）}$$

因此，当混合稀土氧化物的影子价格 $P \geqslant 15.79$ 万元/吨时，矿山才值得开采。

## 7.4 主要结论

本章主要以赣南 A 离子型稀土矿为例，对其开采工艺和开采时机进行了分析，得出堆浸工艺好于原地浸矿工艺以及当混合稀土氧化物的影子价格 $P \geqslant 15.79$ 万元/吨时矿山才值得开采的结论。主要内容包括：

（1）构建了确定性条件下离子型稀土矿开采工艺选择的决策模型。基于混合稀土氧化物影子价格为 16.05 万元/吨的情况，通过计算分析认为，赣南 A 离子型稀土矿采用堆浸工艺好于原地浸矿工艺。

（2）探讨了开采工艺选择的临界条件：$\max\{ENPVR_1, ENPVR_2\} = ENPVR_3$ 或 $\lambda = \min\{\lambda_1, \lambda_2\}$，分析得出赣南 A 离子型稀土矿开采工艺选择的临界条件为 $\lambda = 2.29$，当 $\lambda > 2.29$ 时，堆浸工艺好于原地浸矿工艺；当 $\lambda < 2.29$ 时，原地浸矿工艺好于堆浸工艺。由于赣南 A 离子型稀土矿开采

的 $\lambda$ 值大于 2. 29，故采用堆浸工艺好于采用原地浸矿工艺。

（3）构建了确定性条件下离子型稀土矿开采时机的决策模型。分析认为，当混合稀土氧化物的影子价格 $P \geqslant 15.79$ 万元/吨时，赣南 A 离子型稀土矿才值得开采。

（4）开采工艺和开采时机选择的分析结论能较好地反映赣南 A 离子型稀土矿开采实际情况。

# 附录一 云特征代码

1. Ex1 =20，En1 =10，He1 =0.5，n =1000

```
Ex1 =20
En1 =10
He1 =0.5
hold on
for i =1:1000
    Enn1 =randn(1) * He1 + En1;
    x1(i) =randn(1) * Enn1 + Ex1;
    y1(i) =exp( -(x1(i) -Ex1)^2/(2 * Enn1^2));
    plot(x1(i),y1(i),' * ')
end
```

2. Ex2 =20，En2 =3，He2 =0.5，n =1000

```
Ex2 =20
En2 =3
He2 =0.5
hold on
for i =1:1000
    Enn2 =randn(1) * He2 + En2;
    X2(i) =randn(1) * Enn2 + Ex2;
    Y2(i) =exp( -(x2(i) -Ex2)^2/(2 * Enn2^2));
```

```
    plot(x2(i),y2(i),'*')
end
```

3. Ex3 = 20，En3 = 3，He3 = 1.0，n = 1000

```
Ex3 = 20
En3 = 3
He3 = 1.0
hold on
for i = 1:1000
    Enn3 = randn(1) * He3 + En3;
    X3(i) = randn(1) * Enn3 + Ex3;
    Y3(i) = exp( - (x3(i) - Ex3)^2/(2 * Enn3^2));
    plot(x3(i),y3(i),'*')
end
```

# 附录二 可重复抽样多步逆向云变换算法（MBCT-SR）云代码

```
function mycloud
n = 1000;m = 50;r = 200;
Ex1 = 0.1;En1 = 0.1;He1 = 0.05;
Ex2 = 0.5;En2 = 0.1;He2 = 0.01;
Ex3 = 0.8;En3 = 0.1;He3 = 0.01;
Ex4 = 1;En4 = 0.1;He4 = 0.01;
    for i = 1:3
        figure
        hold on
        [x1,u1] = cloudqz(Ex1,En1,He1,n);
        plot(x1,u1,'r*');
        [Ex1,En1,He1] = acloudqz(x1,n,m,r)
        [x2,u2] = cloudqz(Ex2,En2,He2,n);
        plot(x2,u2,'m*');
        [Ex2,En2,He2] = acloudqz(x2,n,m,r)
        [x3,u3] = cloudqz(Ex3,En3,He3,n);
        plot(x3,u3,'b*');
        [Ex3,En3,He3] = acloudqz(x3,n,m,r)
        [x4,u4] = cloudqz(Ex4,En4,He4,n);
        plot(x4,u4,'k*');
```

```
        [Ex4,En4,He4] = acloudqz(x4,n,m,r)
        hold off
    end
end

function[x,u] = cloudqz(Ex,En,He,n)
    for i = 1:n
        Enn = randn(1) * He + En;
        x(i) = randn(1) * Enn + Ex;
        u(i) = exp( - (x(i) - Ex)^2/(2 * Enn^2));
    end
end

function[Ex,En,He] = acloudqz(x,n,m,r)
      if(r > n)disp('error:r > n');
      end
    Ex = mean(x);
    for i = 1:m
        n1 = ceil(rand(1,r) * length(x));
        j = find(n1 = =0);
          if(length(j) >0)n1(j) =1;
          end
        y(i) = std(x(n1));
    end
    y1 = y^2;Ey = mean(y1);
    En = sqrt(sqrt(4 * Ey^2 - 2 * var(y1))/2);
    He = sqrt(Ey^2 - En^2);
end
```

# 附录三　离子型开采工艺评价等级云代码

Ex1 =0

En1 =0. 1023

He1 =0. 005

Ex2 =0. 309

En2 =0. 024

He2 =0. 001

Ex3 =0. 350

En3 =0. 038

He3 =0. 002

Ex4 =0. 5

En4 =0. 039

He4 =0. 002

Ex5 =0. 610

En5 =0. 056

He5 =0. 003

Ex6 =0. 691

```
En6 =0.063
He6 =0.003

Ex7 =1
En7 =0.1023
He7 =0.005

figure

hold on
for i =1:1000
    Enn1 =randn(1) * He1 + En1;
    x1(i) =randn(1) * Enn1 + Ex1;
    y1(i) =exp( -(x1(i) -Ex1)^2/(2 * Enn1^2));
    plot(x1(i),y1(i),'*')

    Enn2 =randn(1) * He2 + En2;
    x2(i) =randn(1) * Enn2 + Ex2;
    y2(i) =exp( -(x2(i) -Ex2)^2/(2 * Enn2^2));
    plot(x2(i),y2(i),'*')

    Enn3 =randn(1) * He3 + En3;
    x3(i) =randn(1) * Enn3 + Ex3;
    y3(i) =exp( -(x3(i) -Ex3)^2/(2 * Enn3^2));
    plot(x3(i),y3(i),'r*')

    Enn4 =randn(1) * He4 + En4;
    x4(i) =randn(1) * Enn4 + Ex4;
```

```
    y4(i) = exp( -(x4(i) - Ex4)^2/(2 * Enn4^2));
    plot(x4(i),y4(i),'*')

    Enn5 = randn(1) * He5 + En5;
    x5(i) = randn(1) * Enn5 + Ex5;
    y5(i) = exp( -(x5(i) - Ex5)^2/(2 * Enn5^2));
    plot(x5(i),y5(i),'y*')

    Enn6 = randn(1) * He6 + En6;
    x6(i) = randn(1) * Enn6 + Ex6;
    y6(i) = exp( -(x6(i) - Ex6)^2/(2 * Enn6^2));
    plot(x6(i),y6(i),'*')

    Enn7 = randn(1) * He7 + En7;
    x7(i) = randn(1) * Enn7 + Ex7;
    y7(i) = exp( -(x7(i) - Ex7)^2/(2 * Enn7^2));
    plot(x7(i),y7(i),'*')
end
```

# 参考文献


[1] A·迈里克·弗里曼．环境与资源价值评估：理论与方法［M］．曾贤刚，译．北京：中国人民大学出版社，2002.

[2] 北京宝地益联地质勘查工程技术有限公司．江西省赣州市废弃稀土矿矿山地质环境治理项目可行性研究报告［R］．赣州市矿产资源管理局，2012：16－20.

[3] 北京矿冶研究总院．A 稀土矿矿产资源开发利用方案［R］．2012.

[4] 蔡绍洪，李仁发，向秋兰．矿产资源开发中的生态补偿博弈分析［J］．矿业研究与开发，2011，31（3）：103－107.

[5] 曹少斌，纪志坚，于海生．对抗网络下多智能体系统的能控性分析［J］．三峡大学学报（自然科学版），2019，41（3）：97－101.

[6] 陈翠芳，李小波．生态文明建设的主要矛盾及中国方案［J］．湖北大学学报（哲学社会科学版），2019，46（6）：22－28.

[7] 陈道贵．离子型稀土矿无铵化浸取剂实验研究［J］．矿冶工程，2019，39（2）：89－92.

[8] 陈海燕，谢志勤，蔡嗣经．基于实物期权的矿业投资时机分析［J］．金属矿山，2011（7）：66－68.

[9] 陈雯．基于熵权 TOPSIS 法的环保项目投资决策研究［J］．工业技术经济，2012（10）：40－45.

[10] 陈志澄．风化壳稀土矿有机成矿机理研究［J］．中国稀土学报，1997

(3)：244-250.
[11] 池汝安，田君．离子型稀土矿的基础研究 [J]．有色金属科学与工程，2012 (8)：1-13.
[12] 池汝安，田君．离子型稀土矿化工冶金 [M]．北京：科学出版社，2006.
[13] 池汝安，田君．离子型稀土矿评述 [J]．中国稀土学报，2007 (6)：641-650.
[14] 戴小廷，杨建州，冯祥锦．基于边际机会成本的森林环境资源定价模型研究 [J]．西北林学院学报，2013 (2)：253-258.
[15] 戴小廷，杨建州，冯祥锦．森林环境资源边际机会成本定价的理论及构成 [J]．浙江农林大学学报，2013 (3)：406-411.
[16] 戴小廷，杨建州．基于边际机会成本的森林环境资源定价研究 [J]．中南林业科技大学学报，2013 (5)：65-72.
[17] 淡永富．原地浸析采矿法在稀土矿中的研究和应用 [J]．有色金属设计，2006 (1)：7-10.
[18] 邓振乡，秦磊，王观石，等．离子型稀土矿山氨氮污染及其治理研究进展 [J]．稀土，2019，40 (2)：120-129.
[19] 丁锋．现代控制理论 [M]．北京：清华大学出版社，2018.
[20] 丁嘉榆．对离子型稀土矿“原地浸出”与“堆浸”工艺优劣的探讨 [J]．稀土信息，2017 (12)：26-31.
[21] 丁嘉榆．离子型稀土矿开发的历史回顾：纪念赣州有色冶金研究所建所60周年 [J]．有色金属科学与工程，2012 (4)：14-19.
[22] 杜雯．风化壳淋积型稀土原地浸矿工艺对环境影响的研究 [J]．江西有色金属，2001 (3)：41-44.
[23] 段然，安艳玲．矿产资源开发生态补偿机制探讨 [J]．贵州农业科学，2012，40 (3)：199-203.
[24] 傅家骥，仝允桓．工业技术经济学 [M]．第三版．北京：清华大学出版社，1996.

[25] 傅为忠，储刘平．长三角一体化视角下制造业高质量发展评价研究：基于改进的CRITIC-熵权法组合权重的TOPSIS评价模型［J］．工业技术经济，2020，39（9）：145－152.

[26] 高彤．矿产资源开发的生态补偿机制探讨：以庆阳地区石油开发为例［J］．环境保护，2007（7）：38－43.

[27] 高志强，周启星．稀土矿露天开采过程的污染及对资源和生态环境的影响［J］．生态学杂志，2011，30（12）：2915－2922.

[28] 郭树声．净现值指数法在方案选择中的错误和危害［J］．数量经济技术经济研究，2005（9）：91－95.

[29] 郭彦斌，门素梅．生命周期成本理论视角下的环境成本研究［J］．财会研究，2010（13）：36－38.

[30] 国家发展改革委，建设部．建设项目经济评价方法与参数［M］．北京：中国计划出版社，2012.

[31] 国家环保总局．排污收费制度［M］．北京：中国环境科学出版社，2003.

[32] 国家林业局．森林生态系统服务功能评估规范［M］．北京：中国标准出版社，2008.

[33] 过孝民，张慧勤．公元2000年中国环境预测与对策研究［M］．北京：清华大学出版社，1990.

[34] 韩贵锋，马乃喜．西安市大气TSP污染的健康损失初步分析［J］．西北大学学报，2001（4）：359－362.

[35] 何永贵，刘江．基于组合赋权－云模型的电力物联网安全风险评估［J］．电网技术，2020，44（11）：4302－4309.

[36] 洪富艳，刘岩．基于边际机会成本理论的可再生能源环境价值研究［J］．统计与决策，2013（13）：45－48.

[37] 侯湖平，张绍良，丁忠义，等．基于植被净初级生产力的煤矿区生态损失测度研究［J］．煤炭学报，2012（3）：445－451.

[38] 侯迎新．净现值（率）指标在项目投资中的应用［J］．财会月刊，

2009 (11): 71 -72.
[39] 胡振华. 关于环境成本内在化计量的问题 [J]. 数量经济技术经济研究, 2003 (10): 76 -80.
[40] 胡志刚. 李玲. 赵丽娟. 矿山土地复垦存在的问题与对策 [J]. 承德石油高等专科学校学报, 2011 (3): 54 -57.
[41] 花文华, 张金鹏, 赤丰华. 空面反辐射导弹可观测性增强的弹道规划方法 [J]. 战术导弹技术, 2021 (2): 81 -87, 93.
[42] 黄生权, 陈晓红. 基于实物期权的矿业投资最佳时机决策模型 [J]. 系统工程, 2006 (4): 65 -67.
[43] 黄锡生, 陈宝山. 生态文明视野下采伐许可制度变革探究: 兼论《森林法》的修改 [J]. 干旱区资源与环境, 2019 (10): 47 -52.
[44] 黄小卫, 龙志奇, 李红卫, 等. 一种沉淀稀土的方法: CN101798627B [P]. 2010 -08 -11.
[45] 黄小卫, 张永奇, 李红卫. 我国稀土资源的开发利用现状与发展趋势 [J]. 中国科学基金, 2011 (3): 134
[46] 江迎. 基于云模型和 GIS/RS 的堤坝溃决风险分析及灾害损失评估研究 [D]. 武汉: 华中科技大学, 2012.
[47] 金鉴明. 绿色经济的危机 [M]. 北京: 中国环境科学出版社, 1994.
[48] 景普秋, 张复明. 我国矿产开发中资源生态环境补偿的制度体系研究 [J]. 城市发展研究, 2010 (8): 75 -80.
[49] 柯斌, 邱钰峻, 张晓飞. 基于 CRITIC-G1 法赋权的铁路线路速度目标值综合评价 [J]. 铁道标准设计, 2020, 64 (3): 31 -36.
[50] 赖丹, 王黄茜. 完全与不完全成本下的稀土企业收益比较研究: 以南方离子型稀土企业为例 [J]. 中国矿业, 2014 (1): 50 -53, 99.
[51] 赖丹, 吴雯雯. 资源环境视角下的离子型稀土采矿业成本收益研究 [J]. 中国矿业大学学报 (社会科学版), 2013 (3): 63 -70.
[52] 赖丹, 吴一丁. 我国稀土资源税费存在的问题与改革思路 [J]. 中国财政, 2012 (4): 46 -48.

[53] 赖丹，吴一丁．稀土行业税收现状及对策研究：来自南方稀土行业的调研［J］．会计之友，2012（3）：107－109.

[54] 赖兆添，姚渝州．采用原地浸矿工艺的离子型稀土矿山“三率”问题的探讨［J］．稀土，2010（4）：86－88.

[55] 黎昌贵，杜金岷．企业现金价值分析的视角创新：基于实物期权的框架［J］．会计之友，2013（1）：18－20.

[56] 李春，邵亿生．离子型稀土矿原地浸矿中反吸附问题的探讨［J］．江西有色金属，2001（12）：5－8.

[57] 李春．原地浸矿新工艺在离子型稀土矿的推广应用［J］．有色金属科学与工程，2011（2）：63－67.

[58] 李德毅，杜鹢．不确定性人工智能［M］．北京：国防工业出版社，2005.

[59] 李德毅，刘常昱．论正态云模型的普适性［J］．中国工程科学，2004，6（8）：30－32.

[60] 李德毅，孟海军，史雪梅．隶属云和隶属云发生器［J］．计算机研究与发展，1995，32（6）：16－18.

[61] 李德毅．知识表示中的不确定性［J］．中国工程科学，2000，2（10）：73－79.

[62] 李国平，刘治国．陕北煤炭资源开采过程中的生态环境损失［J］．河南科技大学学报（社会科学版），2006（8）：74－77.

[63] 李洪瑞．航向已知条件下纯方位跟踪的可观测性［J］．控制理论与应用，2020，37（11）：2464－2471.

[64] 李江龙，樊燕燕，李子奇．基于熵权－云模型的城市群综合承灾度评价［J］．中国安全生产科学技术，2020，16（7）：48－54.

[65] 李珏茹．农村水污染的经济损失分析与评估：以邹城市北宿镇为例［J］．中国环境管理干部学院学报，2012（8）：49－52.

[66] 李丽英，刘勇．我国东南部煤矿区生态补偿标准的测算方法［J］．煤炭科学技术，2010（4）：111－114，120.

[67] 李闽，杨耀红．个旧市矿产资源开发环境代价核算［J］．中国人口·资源与环境，2013（S2）：396－399.
[68] 李素芸．环境影响经济评价中费用效益分析法应用讨论［J］．财会月刊，2011（10）：53－54.
[69] 李坦，张颖．江西遂川公益林生态系统服务功能价值动态评估［J］．软科学，2013，27（2）：77－80.
[70] 李万庆，路燕娜，孟文清，等．基于AHP-云模型的施工企业项目经理绩效评价［J］．数学的实践与认识，2015，45（7）：86－91.
[71] 李志学，刘伟．油气田开发的环境成本计量方法选择及其应用［J］．国土与自然资源研究，2010（2）：42－43.
[72] 廖合群，金姝兰．德兴铜矿开采环境代价分析［J］．价格月刊，2013（12）：92－94.
[73] 林文俏，姚燕．建设项目投资财务分析评价［M］．第3版．北京：中国财政经济出版社，2014.
[74] 刘长礼，叶浩，董华．应用"浓度－价值损失率法"评估地下水源污染经济损失：以石家庄滹沱河地下水源为例［J］．资源科学，2006（11）：2－9.
[75] 刘焕明．生态文明逻辑下的绿色技术范式建构［J］．自然辩证法研究，2019，35（12）：40－44.
[76] 刘琦，周芳，冯健，等．我国稀土资源现状及选矿技术进展［J］．矿产保护与利用，2017（5）：76－83.
[77] 刘小虎．江西森林生态效益总价值8233亿元［EB/OL］．中国绿色时报，greentimes. com/greentiempaper/html/2012－02/09/content_3203382. htm. 2012－02－09.
[78] 刘毅．稀土开采工艺改进后的水土流失现状和水土保持对策［J］．水利发展研究，2002（2）：30－32.
[79] 吕雁琴，李旭东，宋岭．试论矿产资源开发生态补偿机制与资源税费制度改革［J］．税务与经济，2010（1）：80－84.

[80] 罗仙平，翁存建，徐晶，等．离子型稀土矿开发技术研究进展及发展方向 [J]．金属矿山，2014 (6)：83－90.

[81] 马定国，舒晓波，刘影，等．江西省森林生态系统服务功能价值评估 [J]．江西科学，2003，21 (3)：211－215.

[82] 孟俊娜，符美清，王然，等．基于云模型的基础设施项目可持续性评价 [J]．科技进步与对策，2016，33 (16)：86－90.

[83] 孟天祥，张友华，余林生，等．基于 AHP 和云模型的中蜂囊状幼虫病风险评估方法研究 [J]．安徽农业大学学报，2013 (3)：434－437.

[84] 闵苹，马智胜．论我国矿产资源开发的生态补偿机制：以铀矿开发为例 [J]．江西社会科学，2009 (11)：145－149.

[85] 山红梅，周宇，石京．基于云模型的快递业物流服务质量评估 [J]．统计与决策，2018，34 (12)：39－42.

[86] 邵良杉，芦春霞．不同井型煤炭项目环境效益的生态折现率仿真 [J]．辽宁工程技术大学学报（自然科学版），2012 (3)：305－309.

[87] 邵亿生．风化壳淋积型稀土原地浸矿新工艺研究 [M]．北京：冶金工业出版社，2000.

[88] 宋赪，王丽，董小林．西安环境污染经济损失估算与分析 [J]．长安大学学报，2006 (4)：56－61.

[89] 宋蕾，李峰．矿山修复治理保证金的标准核算模型 [J]．中国土地科学，2011 (1)：78－83.

[90] 宋子义．作业成本法下的环境成本核算研究 [J]．会计之友，2011 (22)：67－69.

[91] 苏文清．中国稀土产业经济分析与政策研究 [M]．北京：中国财政经济出版社，2009.

[92] 孙永平．习近平生态文明思想对环境经济学的理论贡献 [J]．环境经济学，2019 (3)：1－9.

[93] 汤询忠，李茂楠，杨殿．离子型稀土矿分类之浅见 [J]．湖南有色金

属，1998（11）：1-4.

[94] 汤询忠，李茂楠，杨殿．我国离子型稀土矿开发的技术进步［J］．矿冶工程，1999（2）：14-16.

[95] 陶树人．技术经济学［M］．北京：经济科学出版社，1999.

[96] 田君，尹敬群，欧阳克氙，等．风化壳淋积型稀土矿提取工艺绿色化学内涵与发展［J］．稀土，2006，27（1）：70-72，102.

[97] 田治威，翟佳琪，刘诚．作业成本法用于企业环境成本管理的探讨［J］．调研世界，2011（4）：52-55.

[98] 万红梅，许晨，叶霞．矿山地质环境恢复治理保证金测算方法与模型研究［J］．合作经济与科，2011（8）：58-59.

[99] 万伦来，陶建国．煤炭资源开采环境污染物影子价格的估计：基于安徽煤炭企业的调查数据［J］．中国人口·资源与环境，2012（8）：71-75.

[100] 汪振立，徐明，邓通德．自然土壤环境下脐橙植物体稀土累积特征［J］．中国稀土学报，2009（10）：704-710.

[101] 王宏华．现代控制理论［M］．北京：电子工业出版社，2018.

[102] 王洪利，冯玉强．基于云模型标度判断矩阵的改进层次分析法［J］．中国管理科学，2005（13）：32-37.

[103] 王化增．基于储量价值的油气开采决策模型研究［D］．大连：大连理工大学，2010.

[104] 王士君，王若菊，朱光明．大庆油田石油开采环境成本的构成及核算方法［J］．石油勘探与开发，2010（10）：628-632.

[105] 文章．必须注意淋积型稀土矿原地浸析采矿方法中的资源与环境保护问题［J］．稀土信息，1996（12）：16.

[106] 吴爱祥，王洪江，杨保华，等．溶浸采矿技术的进展与展望［J］．采矿技术，2006，6（3）：39-48.

[107] 吴强．矿产资源开发环境代价及实证研究［D］．北京：中国地质大学，2008.

[108] 吴文洁，高黎红．能源资源开发环境代价的估算方法研究：以榆林市为例 [J]．资源与产业，2011 (2)：1-5.

[109] 吴一丁，钟怡宏．环境成本对稀土企业收益的影响分析 [J]．会计之友，2014 (5)：15-18.

[110] 伍红强，尹艳芬，方夕辉．离子型稀土矿开采及分离技术的现状与发展 [J]．有色金属科学与工程，2010 (12)：73-76.

[111] 夏登友．基于云模型的灭火救援作战方案优选方法研究 [J]．中国安全科学学报，2010，20 (12)：140-143.

[112] 夏非，范莉，苏浩益，等．基于云物元分析理论的电能质量综合评估模型 [J]．电力系统保护与控制，2012 (11)：6-10.

[113] 香宝，马广文，李咏红．成渝经济区矿产资源开发对其生态环境影响评价 [J]．环境科学与技术，2011 (6)：361-367.

[114] 肖强，肖洋，欧阳志云，等．重庆市森林生态系统服务功能价值评估 [J]．生态学报，2014，34 (1)：216-223.

[115] 肖智政，汤询忠，王新民，等．底板深潜式离子型稀土矿原地浸析采矿试验研究（上）[J]．化工矿物与加工，2003 (11)：16-18.

[116] 肖智政，汤询忠，王新民，等．底板深潜式离子型稀土矿原地浸析采矿试验研究（下）[J]．化工矿物与加工，2003 (12)：9-11.

[117] 解春雷，杜润梅．一类半线性退化抛物方程在边界控制函数作用下的近似能控性 [J]．吉林大学学报（理学版），2021，59 (3)：563-567.

[118] 徐嵩龄．中国生态资源破坏的经济损失：1985 与 1993 [J]．生态经济，1997 (4)：1-12.

[119] 徐占军，侯湖平，张绍良．采矿活动和气候变化对煤矿区生态环境损失的影响 [J]．农业工程学报，2012 (3)：232-240.

[120] 许纪泉，钟全林．武夷山自然保护区森林生态系统服务功能价值评估 [J]．林业资源管理，2007，18 (3)：77-81.

[121] 许炼烽，刘明义，凌垣华．稀土矿开采对土地资源的影响及植被恢

复 [J]. 农村生态环境，1999，15 (1)：14 – 17.
[122] 杨芳英，廖合群，金姝兰. 赣南稀土矿产开采环境代价分析 [J]. 价格月刊，2013 (6)：87 – 90.
[123] 杨莉，刘海燕. 习近平“两山理论”的科学内涵及思维能力的分析 [J]. 自然辩证法研究，2019 (10)：107 – 111.
[124] 叶琼，李绍稳，张友华，等. 云模型及应用综述 [J]. 计算机工程与设计，2011，12 (32)：4198 – 4201.
[125] 叶仁荪，吴一丁. 中国稀土战略开发及出口产业规制政策研究 [M]. 北京：科学出版社，2014.
[126] 游宏亮. 对风化壳淋积型稀土保护性开采的建议 [J]. 四川稀土，2009 (2)：16 – 21.
[127] 余新晓，鲁绍伟，靳芳. 中国森林生态系统服务功能价值评估 [J]. 生态学报，2005，25 (8)：2096 – 2102.
[128] 袁长林. 中国南岭淋积型稀土溶浸采矿正压系统的分类与开采技术 [J]. 稀土，2010 (4)：75 – 79.
[129] 袁长林. 中国稀土资源开采利用现状暨发展策略分析 [J]. 四川稀土，2009 (1)：6 – 10.
[130] 袁国才. 试论当前堆浸工艺设计的若干要点 [J]. 中国矿业，2010 (7)：64 – 66.
[131] 曾国华，吴雯雯，余来文. 完全成本视角下离子型稀土合理价格的重构 [J]. 中国矿业，2014 (1)：50 – 53，99.
[132] 张复明. 矿产开发负效应与资源生态环境补偿机制研究 [J]. 中国工业经济，2009 (12)：5 – 15.
[133] 张劲松，张亦弛. 基于产品生命周期的企业环境成本控制研究 [J]. 会计之友，2011 (1)：31 – 33.
[134] 张立海，张梁，张业成. 矿产资源开发生态补偿法律制度研究 [J]. 中国矿业，2010，19 (3)：55 – 60.
[135] 张凌. 基于延迟实物期权的不确定条件下矿业投资项目评价 [J].

管理现代化，2013（3）：112－115.

［136］张倩，杨仁远，李志学．陕北地区能源开发生态环境损失估算［J］. 中国水土保持，2012（4）：51－52.

［137］张秋文，章永志，钟鸣．基于云模型的水库诱发地震风险多级模糊综合评价［J］. 水利学报，2014（1）：87－95.

［138］张颖，王智晨．论中国特色生态文明建设的系统性：习近平生态文明思想的系统论解读［J］. 陕西师范大学学报（哲学社会科学版），2020，49（1）：5－13.

［139］张祖海．华南风化壳离子吸附型稀土矿床［J］. 地质找矿论丛，1990，5（1）：57.

［140］赵国涛，王立夫，关博飞．一类影响网络能控性的边集研究［J］. 物理学报，2021，70（14）：379－393.

［141］赵辉，王玥，张旭东，等．基于云模型的特色小镇 PPP 项目融资风险评价［J］. 土木工程与管理学报，2019，36（4）：81－88.

［142］赵金龙，王泺鑫，韩海荣，等．森林生态系统服务功能价值评估研究进展与趋势［J］. 生态学杂志，2013，32（8）：2229－2237.

［143］赵元藩，温庆忠，艾建林．云南森林生态系统服务功能价值评估［J］. 林业科学研究，2010，23（2）：184－190.

［144］赵中波．离子型稀土矿原地浸析采矿及其推广应用中值得重视的问题［J］. 南方冶金学院学报，2000（6）：179－183.

［145］郑丽凤，周新年．山地森林采伐作业的环境成本定量研究［J］. 山地学报，2010（1）：31－36.

［146］郑明贵，赖亮光，袁怀雨．基于变权原理的海外矿业投资多目标柔性决策模型［J］. 中国矿业，2011（2）：30－35.

［147］郑易生，阎林，钱薏红．90 年代中期中国环境污染经济损失估算［J］. 管理世界，1999（2）：189－207.

［148］中国国际工程咨询公司．投资项目经济咨询评估指南［M］. 北京：中国经济出版社，2000.

[149] 中国国家标准化管理委员会. 离子型稀土矿原地浸出开采技术规范(报批稿)[M]. 北京: 中国标准出版社, 2014.

[150] 中华人民共和国中央人民政府. 专家评估: 江西森林生态效益年总价值 8233 亿余元 [EB/OL]. http://news.xinhuanet.com/fortune/2011-12/31/contentc_111348482.htm, 2011-12-31.

[151] 钟志刚, 周贺鹏, 胡洁, 等. 南方离子型稀土矿绿色提取技术研究进展 [J]. 金属矿山, 2017 (12): 76-81.

[152] 周晓晔, 孙欢, 王喆. 基于云模型的区域物流产业集群升级评价: 以沈阳经济区为例 [J]. 工业工程与管理, 2014, 19 (6): 133-137.

[153] 周新年, 蔡瑞添, 巫志龙. 天然次生林考虑伐后环境损失的多目标决策评价 [J]. 山地学报, 2010 (9): 540-544.

[154] 朱红章. 工程项目经济评价 [M]. 武汉: 武汉大学出版社, 2010.

[155] 朱建华, 徐群英, 袁兆康. 稀土污染环境的致突变研究 [J]. 江西医学检验, 2006 (10): 385-387.

[156] 朱建华, 袁兆康, 王晓燕, 等. 江西稀土矿区环境稀土含量调查 [J]. 环境与健康杂志, 2002 (11): 443-444.

[157] 朱曼, 文元桥, 肖长诗, 等. 船舶通航适应性综合评价的云模型研究 [J]. 武汉理工大学学报, 2013 (7): 63-68.

[158] 朱为方, 徐素琴. 赣南稀土区生物效应研究: 稀土日允许摄入量 [J]. 中国环境科学, 1997 (2): 63-66.

[159] 朱小娟, 仇银燕. 广西北部湾桉树人工林建设的生态环境影响经济损益分析 [J]. 安徽农业科学, 2011, 39 (10): 5857-5859, 5862.

[160] 邹国良, 刘娜娜, 吴一丁. 离子型稀土资源开采负外部性的能控性与能观测性分析 [J]. 有色金属科学与工程, 2020, 11 (1): 98-102.

[161] 邹国良, 刘娜娜. 基于组合赋权-云模型的离子型稀土矿开采工艺

评价 [J]. 有色金属科学与工程, 2021, 12 (4): 88 – 95.

[162] 邹国良. 风化壳淋积型稀土矿开采决策模型研究 [D]. 北京: 北京科技大学, 2016.

[163] 邹国良. 离子型稀土矿不同采选工艺比较: 基于成本的视角 [J]. 有色金属科学与工程, 2012 (4): 52 – 56.

[164] Bouffard S C. Agglomeration for heap leaching: equipment design, agglomerate quality control, and impact on the heap leach process [J]. Minerals Engineering, 2008, 21: 1115 – 1125.

[165] Braat L C, de Groot R. The ecosystem services agenda: bridging the worlds of natural science and economics, conservation and development, and public and private policy [J]. Ecosystem Services, 2012, 1 (1): 4 – 15.

[166] Chen X D, Lu F, He G M, OuYang Z Y, Liu J G. Factors affecting land reconversion plants following a payment for ecosystem service program [J]. Bilolgical Conservation, 2009, 142 (8): 1740 – 1747.

[167] Chi R, Tian J, Li Z, et al. Existing state and partitioning of rare earth on weathered ores [J]. Journal of Rare Earths, 2005, 23 (6): 756.

[168] Chi R, Tian J. Weathered Crust Elution-Deposited Rare Earth Ores [M]. New York: Nova Science Publishers, 2008.

[169] Jasch C. The use of environmental management accoun-ting (EMA) for identifying environmental costs [J]. Journal of Cleaner Production, 2003 (9): 667 – 676.

[170] Costanza R, d'Arge R, de Groot R, et al. The value of the world's ecosystem services and natural capital [J]. Nature, 1997, 38 (7): 253 – 260.

[171] Dubourg W R. Estimating the mortality costs of lead emissionin England and Wales [J]. Energy Policy, 1996, 24 (7): 621 – 625.

[172] Fiňzgar N, Zumer A, Lĕstan D. Heap leaching of Cu contaminated soil

with [S, S]-EDDS in a closed process loop [J]. Journal of Hazardous Materials, 2006, 135: 418 -422.

[173] Florig H K. The benefits of air pollution reduction in China [R]. Environmental Science and Technology Working Paper, 1995.

[174] Campbell G A. Rare earth metals: a strategic concern [J]. Mineral Economics, 2014, 27 (1): 21 -31.

[175] Huang X W, Long Z Q, Wang L S, Feng Z Y. Technology development for rare earth cleaner hydrometallurgy in China [J]. Rare Metals, 2015, 34 (4): 215 -222.

[176] Kodali P, Depci T, Dhawan N. Evaluation of stucco binder for agglomeration in the heap leaching of copper ore [J]. Minerals Engineering, 2011, 24: 886 -893.

[177] Li F, Ye Y P, Song B W, Wang R S. Spatial structure of urban ecological and and its dynamic development of ecosystem serices: a case study in Changzhou City, China [J]. Acta Ecoogica Sinica, 2011 (19): 5623 -5631.

[178] Liu X Y, Long R J, Shang Z H. Evaluation method of ecological services function and their value for grassland ecosystems [J]. Acta Pratacluturae Sinica, 2011 (1): 167 -174.

[179] Mellado M E, Cisternas L A, Gálvez E D. An analytical model approach to heap leaching [J]. Hydrometallurgy, 2009, 95: 33 -38.

[180] Millera J D, Lin C L, Garcia C, et al. Ultimate recovery in heap leaching operations as established from mineral exposure analysis by X-ray microtomography [J]. Int. J. Miner. Process, 2003, 72: 331 -340.

[181] Moldoveanu G A, Papangelakis V G. Leaching of lanthanides from various weathered elution deposited ores [J]. Canadian Metallurgical Quarterly, 2013, 52 (3): 257 -264.

[182] Moldoveanu G A, Papangelakis V G. Recovery of rare earth elements ad-

sorbed on clay minerals: I. Desorption mechanism [J]. Hydrometallurgy, 2012, 117 - 118: 71 - 78.

[183] Moldoveanu G A, Papangelakis V G. Recovery of rare earth elements adsorbed on clay minerals: II. Leaching with ammonium sulfate [J]. Hydrometallurgy, 2013, 131 - 132 (1): 158 - 166.

[184] Murray A, Ray I, Nelson K L. An innovative sustainability assessment for urban wastewater infrastructure and its application in Chengdu, China [J]. Journal of Environmental Management, 2009, 90 (11): 3553 - 3560.

[185] Mwase J M, Petersen J, Eksteen J J. A conceptual flowsheet for heap leaching of platinum group metals (PGMs) from a low-grade ore concentrate [J]. Hydrometallurgy, 2012, 111 - 112 (2): 129 - 135.

[186] Mwase J M, Petersen J, Eksteen J J. Assessing a two-stage heap leaching process for Platreef flotation concentrate [J]. Hydrometallurgy, 2012, 129 - 130 (1): 74 - 81.

[187] Odum H T. Systems Ecology [M]. New York: John Wiley and Sons, 1983.

[188] Qiu T S, Fang X H, Wu H Q, et al. Leaching behaviors of iron and aluminum elements of ion-absorbed-rare-earth ore with a new impurity depressant [J]. Transactions of Nonferrous Metals Society of China, 2014, 24 (9): 2986 - 2990.

[189] Ruan R M, Wen J K, Chen J H. Bacterial heap-leaching: Practice in Zijinshan copper mine [J]. Hydrometallurgy, 2006, 83: 77 - 82.

[190] Shokobayev N M, Bouffier C, Dauletbakov T S. Rare earth metals sorption recovery from uranium in situ leaching process solutions [J]. Rare Metals, 2015, 34 (3): 195 - 201.

[191] Smil V. Environmental Problems in China: Estimates of Economic Costs [R]. East-West Center Special Report, No. 5, 1996.

[192] The World Bank. China 2020 Series, China's Environment in the New Century: Clear Water, Blue Skies [R]. 1997.

[193] The World Bank. Valuing the health effects of air pollution: Application to industrial energy efficiency projects in China [R]. 1994.

[194] Tian J, Chi R, Yin J. Leaching process of rare earths from weathered crust elution-deposited rare earth ore [J]. Transactions of Nonferrous Metals Society of China, 2010, 20 (5): 892 - 896.

[195] Tian J, Tang X, Yin J, et al. Enhanced leachability of a lean weathered crust elution-deposited rare-earth ore: Effects of sesbania gum filter-aid reagent [J]. Metall and Materi Trans B, 2013, 44 (5): 1070 - 1077.

[196] Tian J, Tang X, Yin J, et al. Process optimization on leaching of a lean weathered crust elution-deposited rare earth ores [J]. Int J Miner Process, 2013, 119 (2): 83 - 88.

[197] Tian J, Yin J, Chen K, et al. Extraction of rare earths from the leach liquor of the weathered crust elution-deposited rare earth ore with non-precipitation [J]. Int J Miner Process, 2011, 98 (3 - 4): 125 - 131.

[198] Tian J, Yin J, Chen K, et al. Optimisation of mass transfer in column elution of rare earths from low grade weathered crust elution-deposited rare earth ore [J]. Hydrometallurgy, 2010, 103 (1 - 4): 211 - 214.

[199] Tian J, Yin J, Chi R, et al. Kinetics on leaching rare earth from the weathered crust elution-deposited rare earth ores with ammonium sulfate solution [J]. Hydrometallurgy, 2010, 101 (3 - 4): 166 - 170.

[200] Tian J, Yin J, Tang X, et al. Enhanced leaching process of a low-grade weathered crust elution-deposited rare earth ore with carboxymethyl sesbania gum [J]. Hydrometallurgy, 2013, 139: 124 - 131.

[201] Tremolada J, Dzioba R, Bernardo-Sánchez A, et al. The preg-robbing of gold and silver by clays during cyanidation under agitation and heap leaching conditions [J]. International Journal of Mineral Processing, 2010,

94: 67 -71.

[202] Valencia J A, Méndez D A, Cueto J Y. Saltpeter extraction and modelling of caliche mineral heap leaching [J]. Hydrometallurgy, 2008, 90: 103 -114.

[203] Wackernagel M, Rees W E. Our Ecological Footprint: Reducing Humanim Pact on the Earth [M]. Gabriol a Island New Society Publishers, 1996.

[204] Walker S. Heap leaching: extending applications [J]. Engineering and Mining Journal, 2011, 212 (1): 34 -38.

[205] Wang J D, Pang W J, Wang L P, et al. Synthetic evaluation of steady-state power quality based on combination weighting and principal component projection method [J]. Power and Energy Systems, CSEE Journal of, 2017, 3 (2): 160 -166.

[206] Wen X J, Duan C Q, Zhang D C. Effect of simulated acid rain on soil acidification and rare earth elements leaching loss in soils of rare earth mining area in southern Jiangxi Province of China [J]. Environmental Earth Sciences, 2013, 69 (3): 843 -853.

[207] Wu A, Yin S, Qin W. The effect of preferential flow on extraction and surface morphology of copper sulphides during heap leaching [J]. Hydrometallurgy, 2009, 95: 76 -81.

[208] Xiao Y, Feng Z, Huang X, et al. Recovery of rare earths from weathered crust elution-deposited rare earth ore without ammonia-nitrogen pollution: I. leaching with magnesium sulfate [J]. Hydrometallurgy, 2015, 153: 58 -65.

[209] Xiao Y, Liu X, Feng Z, et al. Role of minerals properties on leaching process of weathered crust elution-deposited rare earth ore [J]. Journal of Rare Earths, 2015, 33 (5): 545 -552.

[210] Xiao Y F, Feng Z Y, Hu G H, et al. Leaching and mass transfer characteristics of elements from ion-adsorption type rare earth ore [J]. Rare Met-

als, 2015, 34 (5): 357 -365.

[211] Yang S R, Xie J Y, Qiu G Z, et al. Research and application of bioleaching and biooxidation technologies in China [J]. Minerals Engineering, 2002, 15: 361 -363.

[212] Yang X, Zhang J. Recovery of rare earth from ion-adsorption rare earth ores with a compound lixiviant [J]. Separation and Purification Technology, 2015, 142: 203 -208.